红河州
高原特色农作物种植气候区划

刘 佳 李华伟 主编

气象出版社
China Meteorological Press

内容简介

气候资源是农业生产最基础的自然资源之一,其中光、温和水等因子对农业生产有直接的影响。本书根据红河州高原特色农作物生长特点,利用多年气象观测数据,充分分析红河州气候资源,科学、合理确定农作物种植气候指标,结合土地利用情况和地形地貌特征,按照适宜性种植指标进行种植区划。区划成果对当地农作物结构调整,合理布局,充分挖掘气候资源,农业增产增收具有重要作用。本书也可供从事相关科研、教学、生产的科技人员阅读参考。

图书在版编目(CIP)数据

红河州高原特色农作物种植气候区划 / 刘佳,李华伟主编. -- 北京 : 气象出版社,2022.11
ISBN 978-7-5029-7848-8

Ⅰ. ①红… Ⅱ. ①刘… ②李… Ⅲ. ①高原－特色农业－栽培技术－农业气象－气候区划－研究－红河哈尼族彝族自治州 Ⅳ. ①S31②S162.227.42

中国版本图书馆CIP数据核字(2022)第205416号

Honghezhou Gaoyuan Tese Nongzuowu Zhongzhi Qihou Quhua

红河州高原特色农作物种植气候区划

刘佳 李华伟 主编

出版发行:气象出版社

地 址:北京市海淀区中关村南大街 46 号	邮政编码:100081	
电 话:010-68407112(总编室) 010-68408042(发行部)		
网 址:http://www.qxcbs.com	**E-mail**:qxcbs@cma.gov.cn	
责任编辑:张锐锐 吕厚荃	终 审:吴晓鹏	
责任校对:张硕杰	责任技编:赵相宁	
封面设计:艺点设计		
印 刷:北京建宏印刷有限公司		
开 本:787 mm×1092 mm 1/16	印 张:6.5	
字 数:175 千字		
版 次:2022 年 11 月第 1 版	印 次:2022 年 11 月第 1 次印刷	
定 价:56.00 元		

《红河州高原特色农作物种植气候区划》
编 委 会

主　任：曹中和

副主任：尹文有　赵　虎　李华伟

委　员：刘　佳　李艳春　李　刚
　　　　赵绍刚　陈熙航　兰　兰

编 写 组

主　编：刘　佳　李华伟

成　员：李艳春　蒋欣芸　谢映海　朱黎阳
　　　　杨薪屿　构箭勇　罗小杰

红河州地处云南省东南部,北靠昆明,东接文山,西邻玉溪,南与越南社会主义共和国接壤,23°26′N 的北回归线贯穿全州。辖区面积 32931 km²,最高海拔为金平县西隆山 3074.3 m,最低海拔为红河与南溪河交汇处 76.4 m。地势西北高、东南低,东面属于滇东高原区,西面为横断山纵谷的哀牢山区,山区面积占总面积的 88.5%。水系分属红河水系、珠江水系,河流主要有李仙江、藤条江、南溪河、曲江和甸溪河等。红河州属低纬高原亚热带季风气候,境内有从北热带到南温带的 5 个气候类型,形成具有"一山分四季,十里不同天"的立体气候。独特的地形地貌、气候资源使得这里野生动植物资源丰富,亚热带原始森林莽莽苍苍,有国家一级重点保护野生植物 23 种、野生动物 21 种,是云南"中华生物谷"重要基地,被誉为"滇南生物基因库"。有耕地面积 263000 hm²,有效浇灌面积 185000 hm²,是国家高原特色现代农业示范区和云南粮经作物的主要产区。在这块丰富的土壤上世居有汉族、哈尼族、彝族、苗族、傣族和壮族等 11 个民族,少数民族人口占总人口的 61.63%。

近年来,红河州聚焦打造"绿色能源""绿色食品""健康生活目的地"三张牌,重点发展高原特色现代农业、新材料和信息产业、生物医药和大健康产业、食品与消费品制造业、现代物流业等 6 大产业。"十三五"时期,红河州深入贯彻落实习近平总书记关于"三农"工作的重要论述和考察云南重要讲话精神,围绕高质量发展主题,积极推进农业供给侧结构性改革,高原特色农业发展取得明显成效。"十四五"期间,红河州高原特色现代农业发展趋势更加良好。随着西部大开发、"一带一路"、长江经济带、"双格局"相互促进的新发展格局等国家战略深入实施,红河州建设民族团结进步示范区、生态文明建设排头兵、面向南亚东南亚辐射中心战略任务不断推进,构建现代化产业体系工作不断落实落细,都进一步拓展了红河州高原特色现代农业发展空间。但由于红河州农业发展基础支撑仍不够强,品牌体系尚未形成,农产品品牌小、散、弱、乱,龙头带动不强等均给高原特色农业的发展带来了挑战。

面对新的机遇和挑战,如何科学合理布局红河州高原特色农作物,充分合理利用和开发气候自然资源,把农作物种植到最适宜的地方,避免盲目投入,优化配置气候资源与其他各类自然资源及社会经济资源,实现"高产、优质、高效"的高原特色农业生产目标,正是此书需要解决的问题。农作物种植气候区划从农业生产的需要出发,根据农业气候条件的地区差异进行区域划分,在分析地区农业气候条件的基础上,采用对农作物生产有重要意义的气候指标,遵循农业气候相似原则,将一个地区划分为若干个农作物种植气候区域,寻找出最适宜高原特色农作物生长的区域,合理布局,科学规划,为"十四五"期间红河州高原特色农业高质量发展,加快农业产业转型升级,提升农业现代化水平,促进农民收入持续稳定增长贡献气象力量。

尹晓毅[①]

2022 年 8 月 24 日

---

① 尹晓毅,云南省气象局党组书记、局长。

前言

  农业是受天气气候影响最大的行业之一,粮食生产高度受天气气候条件和自然灾害状况影响。农业气候区划就是从农业生产的需要出发,根据农业气候条件的地区差异进行的区域划分,在分析地区农业气候条件的基础上,采用对农业生产有重要意义的气候指标,遵循农业气候相似原则,将一个地区划分为若干个农业气候区域,根据各区域自身的农业气候特点,提出农业发展方向和利用改造途径;其结果为决策者制定农业发展规划,充分利用气候资源和防御气候灾害提供可靠的科学依据。

  20世纪60年代,我国先后完成了省级农业规划和区域的农业气候区划。1978年以后,在全国范围内又一次开展农业气候资源调查和区划工作,完成了全国农业气候区划、种植制度区划、各种主要作物气候区划、畜牧业气候区划。随着计算机技术、遥感技术和地理信息系统的快速发展、气象观测系统的不断完善,土地类型、地形条件、气象资料的数字化水平越来越高,运用地理信息系统进行气候资源定量精细化研究已成为开展农业气候区划的新趋势。

  红河州地处云南南部,具有"一山分四季,十里不同天"的立体气候特征,独具的地域特性、多样的自然资源,为各类高原特色农作物的种植提供了优异的基础。根据习近平总书记2015年1月考察云南时做出的"要立足多样性资源这个独特基础,打好高原特色农业这张牌"的重要指示,红河州委、州政府立足资源优势,着力调整农业产业结构,以"一个中心、五个示范"(滇南中心城市;高原特色农业示范、产业转型升级示范、文化旅游融合发展示范、沿边开放开发示范、民族团结进步示范)为目标构建红河州的多元高原特色产业体系,推动优势产业快速发展,形成了红烟、红酒、红果、红菜、红米、红木、红糖、红药、红畜九大"红系"优质农产品产业齐头并进的发展格局。为全面、客观、定量地掌握各县、市农业气候条件对红河州农经作物及其种植适宜性的影响,并为红河州相关农业生产发展规划、农业生产技术和管理措施的制定和实行提供科学依据,红河州气象局组织完成了红河州高原特色农作物种植气候区划工作。

  本区划采用当前先进、成熟的地理信息系统技术,以红河州各县、市的代表性农作物作为区划对象,根据高原特色农作物种植特点,科学、合理确定农作物种植气候指标,并结合土地利用情况和地形地貌特征进行种植区划。区划成果客观显示了各县市高原特色作物种植的气候适宜性分布,对合理布局作物品种、充分挖掘气候资源、促进农业增产增收具有重要作用。

作者
2022 年 7 月

目录

第1章 概　述

1.1　红河州地理概况

红河州位于云南省东南部(图 1-1),北靠昆明,东接文山,西邻玉溪,南与越南接壤。地处东经 101°47′—104°16′,北纬 22°26′—24°45′,辖区面积 32931 km²,东西最大横距 254.2 km,南北最大纵距 221 km。最高海拔为金平县西隆山 3074.3 m,最低海拔为红河与南溪河交汇处 76.4 m(云南省海拔最低点)。红河州地势西北高、东南低。以红河为界,分北部地区和南部地区,东面属于滇东高原区,西面为横断山纵谷的哀牢山区。哀牢山沿红河南岸蜿蜒伸展到越南境内,为州内的主要山脉。山区面积占总面积的 88.5%。北回归线穿越个旧市、蒙自市和建水县。红河州的水系分属红河水系、珠江水系,南部属红河水系,北部属珠江水系,河流主要有李仙江、藤条江、南溪河、曲江和甸溪河等,境内集水面积在 100 km² 以上的河流有 180 条(含南盘江、红河 2 条干流),其中,珠江流域 65 条、红河流域 115 条;集水面积在 1000 km² 以上的河流有 12 条,其中,珠江流域 5 条,分别为南盘江、曲江、泸江、沙甸河和甸溪河;红河流域 7 条,分别为红河、小河底河、南溪河、李仙江、泗南江(牛孔河)、小黑江和藤条江(勐拉河)。红河州的湖泊均为淡水湖,分布在南盘江流域,主要有异龙湖、赤瑞湖、三角海、大屯海和长桥海。

红河州辖 4 市 9 县(蒙自市、个旧市、开远市、弥勒市和建水县、石屏县、泸西县、元阳县、红河县、绿春县、金平苗族瑶族傣族自治县、屏边苗族自治县、河口瑶族自治县),135 个乡镇(街道),1365 个村委会(社区)。州府蒙自市距离省会昆明 243 km,距越南河内 400 km,距越南海防港 511 km。红河州民族众多,有汉族、哈尼族、彝族、苗族、傣族、壮族、瑶族、回族、布依族、布朗族、拉祜族 11 个世居民族。2021 年末红河州户籍人口 469.7551 万人,其中,汉族 180.2393 万人、少数民族 289.5158 万人,少数民族人口占总人口的 61.63%。

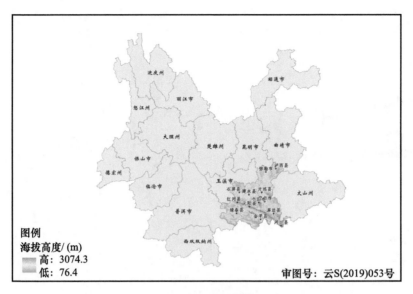

图 1-1　红河州地理位置分布

1.2　红河州气候概况

红河州地处低纬高原季风气候区域,在大气环流与特定下垫面条件综合影响下,形成了雨热同季,干湿季分明;冬无严寒,夏无酷暑;日温差大,年温差小等气候特点。冬、春季在热带大陆干暖气团控制下,红河州大部地区天气晴朗,光照充足、气温较高;夏季降雨集中,阴雨日数较多;秋季降温较快,秋粮作物易受低温影响。由于红河州位于云南高原向东南倾斜的坡面上,是热带西南季风和热带东南季风交互出现的过渡地带,境内地貌复杂,导致光、热、水资源垂直差异大于水平差异。海拔近百米的河谷到海拔 2400 多米的山顶,年平均气温相差达 11.5～14.0 ℃。在一个局部区域范围,具有"一山分四季,十里不同天""山前山后、不同气候"的特征。

红河州降水总体较为丰沛,年平均降水量 1186.3 mm①,但时空分布极为不均,降水主要集中在夏半年(5—10 月),占全年降水量 80.4%,其中主汛期(6—8 月)占全年降水量的52.5%,红河以南地区远远多于北部地区,年降水量最大的金平达 2332.7 mm,其次是绿春1995.8 mm,最少的是开远、建水,分别是 755.3 mm 和 790.9 mm,相差 3.1 倍。红河州年平均气温 19.1 ℃,除河谷地区外,其他地区总体表现为年温差小,冬暖夏凉的特点,年平均气温16～20 ℃,可谓"四季如春"。河谷地区整体气温偏高,热量资源丰富。红河州总体日照充足,年日照时数从东南到西北逐渐增加。红河州大部地区年日照时数为 1520～2216 h。

红河州气候的立体性,既给红河州带来了丰富的农业气候资源,也带来了繁多的气象灾害,干旱、大风、冰雹、雷击、洪涝、滑坡、泥石流等气象灾害及次生、衍生灾害频繁发生。

---

①　文中气象要素常年平均值为 1991—2020 年 30 年气象资料统计值,下同。

1.3　资料与方法

在编制精细化气候资源区划中,根据红河州高原特色农作物种植特点,利用多年气象观测数据,充分分析红河州光照、热量、降水气候资源,科学、合理确定农作物种植气候指标,结合土地利用情况和地形地貌特征,按照适宜性种植指标进行农作物种植区划。区划成果对当地高原特色农作物结构调整,合理布局品种,充分挖掘气候资源,为农业增产增收具有重要作用。

1.3.1　气象观测资料的整理与订正

气象数据来自云南省气象信息中心和红河州气象局,气象数据包括红河州 13 个气象站近 36 年(1981—2016 年)及红河州境内 128 个区域自动气象观测站近 9 年(2008—2016 年)逐日地面气象资料,包括平均气温、极端最低气温、极端最高气温、积温、日照时数和降水量等。

目前,全国气象系统中观测资料超过 30 年的气象台站基本上是每县一个,站点稀少且大多分布在地势较平、海拔相对较低的城镇附近,在山区复杂的地形条件下,单点的气象观测资料很难能反映整个县(市)的气象要素分布状况。即便利用先进的地理信息系统进行气象要素空间模拟,由于实测资料过少,模拟出来的气象要素分布与实际分布情况仍会有较大误差。红河州观测资料超过 30 年的气象台站有蒙自市、个旧市、开远市、弥勒市、建水县、石屏县、泸西县、元阳县、红河县、绿春县、金平县、屏边县、河口县 13 个县(市)气象站,加上相邻的玉溪、普洱和文山 3 个州(市)境内的通海、华宁、峨山、墨江、元江、江城和马关 7 个县气象站资料也远远不能满足空间模拟的需要。因此,需将红河州境内的 128 个区域气象自动站资料的短时间序列资料订正、延长到与基本气象台站相同的时期,以满足气象要素空间分布模拟的需要。气象观测资料的整理与订正过程中使用的各气象站的地理位置见图 1-2。

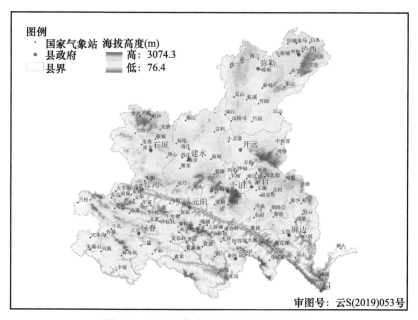

审图号:云S(2019)053号

图 1-2　红河州气象观测站地理位置分布

1.3.1.1 气温观测资料的整理与订正

短序列气温观测资料的采用屠其璞、翁笃鸣提出的条件温差的两步订正法,其更适合于超短序列资料的订正,这种方法假设考察期间考察站 A 和基本站 B(通常为国家级气象站)的温差 D',等于基本站晴、云、阴三种状况下(假设考察站与基本站的云天状况基本一致)的两站条件温差的加权平均,有:

$$D' = \Delta T'_1 P'_1(B) + \Delta T'_2 P'_2(B) + \Delta T'_3 P'_3(B) \tag{1-1}$$

式中,$\Delta T'_1$、$P'_1(B)$、$\Delta T'_2$、$P'_2(B)$、$\Delta T'_3$、$P'_3(B)$ 分别为基本站晴、云、阴条件下的考察站和基本站的条件温差及相应的基本站晴、云、阴天频率。对于长时间,两站温差可以表示为:

$$D = \Delta T_1 P_1(B) + \Delta T_2 P_2(B) + \Delta T_3 P_3(B) \tag{1-2}$$

式(1-2)与式(1-1)在形式上完全一致,式中各项不带撇号表示长年值。从小气候理论考虑,对于两个邻近的测点,气温差主要是由局地小气候条件差异所造成的,而在大体相同的太阳辐射条件下,这种局地温差具有相对的稳定性。因此,可近似地认为:

$$\Delta T'_1 = \Delta T_1, \Delta T'_2 = \Delta T_2, \Delta T'_3 = \Delta T_3 \tag{1-3}$$

代入(1-2)式,得到:

$$\overline{D} = \Delta T'_1 P_1(B) + \Delta T'_2 P_2(B) + \Delta T'_3 P_3(B) \tag{1-4}$$

其中 $\overline{D}$ 表示 D 的估计值。采用式(1-4)订正至长时期的考察站温度(T_A):

$$T_A = T_B + \overline{D} \tag{1-5}$$

$$T_A = T_B + \Delta T'_1 P_1(B) + \Delta T'_2 P_2(B) + \Delta T'_3 P_3(B) \tag{1-6}$$

式中,T_B 为基本站的常年平均气温。

1.3.1.2 降水观测资料的整理与订正

据选用资料少、订正误差小、计算过程简便而精度又能满足要求等原则,采用一元回归订正法对降水资料进行订正。

首先,设 X 站为基本站,具有 N 年降水量资料;Y 站为订正站,有 n 年降水量资料;$n < N$,且 n 年包括在 N 年内,需要将订正站 n 年降水量资料订正到 N 年。采用一元回归法对各订正站的年降水量进行订正。订正的基本公式为:

$$\overline{Y}_N = \overline{Y}_n + r \frac{\sigma_y}{\sigma_x}(\overline{X}_N - \overline{Y}_n) \tag{1-7}$$

其中,$\overline{X}_n$、$\overline{Y}_n$ 分别为基本站和订正站 n 年平行观测时期内年降水量的平均值,$\overline{X}_N$ 为基本站 N 年观测时期内年降水量的平均值,$\overline{Y}_N$ 为订正站被订正到 N 年时期内年降水量的平均值,σ_x、σ_y 分别为基本站和订正站在 n 年内年降水量的标准差,r 为基本站和订正站在 n 年内年降水量的相关系数。

1.3.2 气候要素细网格推算

红河州的国家级气象站点仅有 13 个,且均建在坝区,区域自动气象站也只有 128 个,难于描述红河州复杂多样的山地气候资源,因此,必须应用适宜的推算方法进行模拟。一般而言,对于非气象站点的气候值只能从邻近气象站推算,故推算方法以及地形因子的处理对推算精度影响较大,以前许多相关研究都考虑了气象站点地理位置、各气象站站点间的地形关系,并用一定的插值方法模拟气候资源的空间分布,但此类研究通常只考虑了气象站点间的空间关系,而气候资源空间分布不仅与空间有关,还与地形高度、地形遮蔽、地形坡向、地表植被等有关。气候要素细网格推算模型必须考虑到气候要素与经度、纬度、海拔高度、太阳辐射、地形、地表等之间的关系,才能较好地解决复杂地形下气候资源推算精度不高的问题。

1.3.2.1　数据及处理

使用 1∶25 万基础地理数据提取了红河州的行政边界、所辖县(区)、乡、村驻地、河流水系、数字高程(DEM)、坡向、坡度等数据;地理投影系统采用 WGS_1984_UTM_ZONE 47N;数字高程采用 1980 西安坐标系,1985 国家高程基准,格网间距为 90 m(图 1-3)。

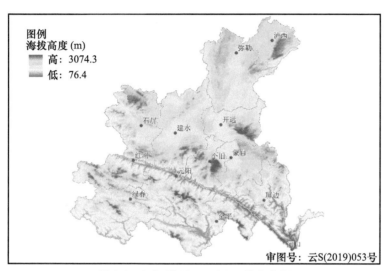

审图号:云S(2019)053号

图 1-3　红河州 90 m×90 m 数字高程

1.3.2.2　坡度、坡向数据提取

坡度是指水平面与地形面之间的夹角。坡向是指地表面上一点的切平面的法线矢量在水平面的投影与过该点的正北方向的夹角。基于红河州数字高程 DEM 数据,利用地理信息系统的空间分析工具生成所需的坡度(图 1-4)、坡向(图 1-5)数据。

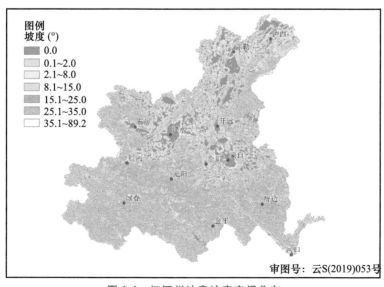

审图号:云S(2019)053号

图 1-4　红河州地表坡度空间分布

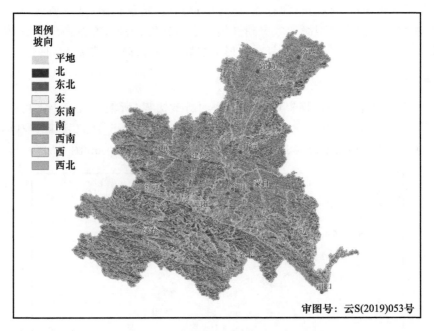

审图号：云S(2019)053号

图1-5　红河州地表坡向空间分布

1.3.2.3　日照资源推算

在复杂地形条件下，由于受季节、云量、海拔、坡度、坡向等地形因子以及周围地形相互遮蔽的影响，导致日照时数的时空差异显著。

某一地点的实际年日照时数可分解为可照时数和日照百分率两项，据此可构建日照时数推算模型：

$$S_d = S_s \times R_s \tag{1-8}$$

式中，S_d 为空间格点下的日照时数，R_s 为该格点的日照百分率，S_s 为该格点的总可照时数。这样就把空间格点实际日照时数的计算问题归结为空间格点日照百分率乘以总可照时数。其中空间格点的日照百分率可以红河州及周边气象台站的多年平均日照百分率为基础，通过普通克里金（ordinary Kriging）法进行平面内插生成日照百分率格点图。

S_s 的计算，首先需要计算一年365 d该格点按天计算的可照时数，然后按月汇总得到 S_s。

1.3.2.4　气温推算

气温是表示热量特征的重要指标之一，是自然区划和计算农业生产潜力的重要参数，是热量条件分析的基础。复杂地形下影响山地温度分布的因素较多，如宏观地理条件（经度、纬度、大水体、山脉走向，以及宏观气候背景等）、测站海拔高度、地形因素（坡度、坡向、地平遮蔽度等）、下垫面性质（土壤类型、植被状况等）以及大气状况（水汽、气溶胶含量、大气环流等），局地条件下，海拔高度和地形因素对气温的影响相当明显。

通过查阅资料进行比较，梯度距离平方反比法（gradient plus inverse distance squared, GIDS）在推算热量资源方面效果好，故本书中区划选用该方法进行热量资源的精细化推算。

（1）梯度距离平方反比法

反距离权重法（inverse distance weight, IDW）是一种确定性插值方法，其基于相近相似原理:即两个物体离得越近,它们的值就越相似,但对于温度而言,还受到经度、纬度、高程等因素的影响,因此,在插值的过程中,有必要将这些相关因子考虑进来,即格点值,不仅要计算和站点的距离,还要计算和站点在海拔上的差距。梯度距离平方反比法即是在距离权重的基础上,考虑了气象要素随海拔高度和经、纬向的梯度变化。其公式如下:

$$V(s) = \left(\sum_{i=1}^{N} \frac{V_i + (X - X_i) \times C_x + (Y - Y_i) \times C_y + (Z - Z_i) \times C_z}{d_i^2} \right) \Big/ \left(\sum_{i=1}^{N} \frac{1}{d_i^2} \right) \quad (1\text{-}9)$$

式中,$V(s)$ 为预测站点的估算值,V_i 为第 i 个气象站点实测值,d_i 为第 i 个气象站点与待预测站点之间的距离。N 为预测计算中使用的样本数量,X、Y、Z 分别为预测站点的 X、Y 和 Z 轴坐标值,X_i、Y_i、Z_i 为相应气象站点 i 的 X、Y 和 Z 轴坐标值,C_x、C_y、C_z 为站点气象要素值与 X、Y 和海拔高程的回归系数。

（2）回归系数计算

使用多元回归分析计算回归系数。多元回归分析主要用于分析一个因变量和若干个自变量之间的相关关系。在这里就是要计算站点 X 坐标、Y 坐标、海拔高度三个变量与气象要素之间的线性关系。公式为:

$$t - t_0 = b_0 + C_x(x - x_0) + C_y(y - y_0) + C_z(z - z_0) \quad (1\text{-}10)$$

式中,t、x、y、z 分别为待插值点的气象要素值、X 坐标、Y 坐标、海拔高度,t_0、x_0、y_0 和 z_0 为已知点的气象要素值、X 坐标、Y 坐标和海拔高度,这里通过多个站点的 X 坐标,Y 坐标,海拔高度,温度,求取 C_x,C_y,C_z 三个回归参数。公式可以简化为:

$$t = b_0 + C_x x' + C_y y' + C_z z' \quad (1\text{-}11)$$

现实情况不是所有数据都能满足这个方程,一般都是有下面的公式:

$$t = b_0 + C_x x' + C_y y' + C_z z' + e \quad (1\text{-}12)$$

式中,e 为随机误差。

使用多元回归模型进行参数估计时,在要求误差（e）平方和为最小的前提下,用最小二乘法求解参数。

（3）插值误差计算

插值误差计算采用交叉分析方法进行统计分析,即将参与建模的各站依次作为检验站,不参与模型,用以比较实际观测值与推算值的误差。

以推算的年平均气温为例,其平均绝对误差（MAE）为 0.39,均方根误差（RMSE）为 0.66（表 1-1）,可基本满足红河州空间尺度农业气候区划的需求。

表 1-1　年平均气温推算结果验证

误差分析	年平均气温	最冷月	最热月
平均绝对误差	0.39	0.57	0.38
均方根误差	0.66	0.98	0.68

1.3.2.5　降水量推算

降水量是水资源评估的重要依据。在水文学、生态学和气象学等学科的研究中又是各种研究模型的重要因子。但由于人力、财力等各种原因的限制,气象站点的布设往往是有限的,而有限的站点在空间上的布局又不尽合理。从有限的气象站、不尽合理的空间布局获取的点观测气象数据难以满足人们对气象要素在空间尺度上时空变异性精确表达的要求,就需要根据测站所获得的资料求出整个平面的降水信息,这就涉及插值问题。

目前国内外降水量空间插值研究中,主要采用的插值方法有反距离权重法(IDW)、样条函数法(spline)、PRISM 法、克里金法(Kriging)、协同克里金法(Co-Kriging)等。这里采用协同克里金法。

(1)协同克里金法

当同一空间位置样点的多个属性存在某个属性的空间分布与其他属性密切相关,且某些属性获得不易,而另一些属性则易于获取时,如果两种属性空间相关,可以考虑选用协同克里金法。协同克里金法把区域化变量的最佳估值方法从单一属性发展到二个以上的协同区域化属性。将高程作为第二影响因素引入降水量的空间插值中。借助该方法,可以利用几个空间变量之间的相关性,对其中的一个变量或多个变量进行空间估计,以提高估计的精度和合理性。

(2)插值误差计算

年降水量选择反距离权重法、趋势面多元回归方法、普通克里金插值法、协同克里金法插值法进行插值对比,通过交叉验证的方法对插值结果进行对比分析,运用平均标准差(mean standardized,MS)、均方根误差(root mean square error,RMSE)作为评估插值方法效果的标准(表 1-2)。年降水量插值精度可基本满足红河州空间尺度农业气候区划的需求。

表 1-2 年降水量插值结果验证

插值方法	平均标准差	均方根误差
反距离权重法	0.77	113.91
普通克里金法	1.70	104.28
协同克里金法	0.52	104.20
趋势面多元回归方法	0.12	137.47

与其他方法相比,协同克里金方法的均方根误差最小,表明协同克里金法的插值效果好于其他插值方法。其原因主要是协同克里金法将地形高程作为第二影响因素引入到降水量的空间插值中,利用地理位置、海拔高度和降水量等空间变量的相关性,提高了降水量空间估计的插值精度和合理性。

8

第2章 蒙自市石榴种植气候区划

2.1 蒙自市情

蒙自市是云南省红河州下辖市之一,是红河州首府以及滇南中心城市核心区。位于云南省东南部(图 2-1),东邻文山市,南接屏边县,西连个旧市,北与开远市接壤。北回归线从境内鸣鹫镇小坝心、西北勒乡苏租、文澜镇大台子、雨过铺镇新光、长桥海东坝穿过。蒙自市辖 5 个街道、4 个镇、4 个乡(图 2-2),主城区面积 30.8 km²,辖区内有省级蒙自经济开发区和省级蒙自工业园区。2021 年,蒙自市常住总人口为 59.03 万人,常住乡村人口 12.48 万人,全市城镇化率达率 74.47%,2021 年 GDP 为 447.74 亿元。

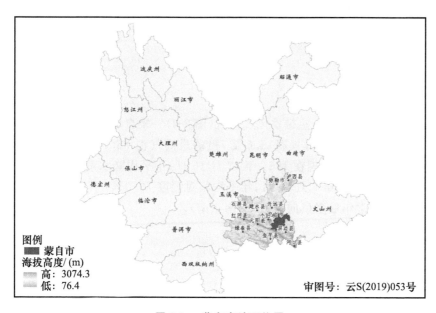

图 2-1 蒙自市地理位置

蒙自市的面积为 2228 km²，南北最大纵距 62 km。境内主要地形为山区和坝区，城区海拔高度 1307 m，全市海拔最高处 2567.8 m，最低处 146 m，其中坝区面积 544.2 km²，占总面积的 24.4%，山区面积占总面积的 75.6%。

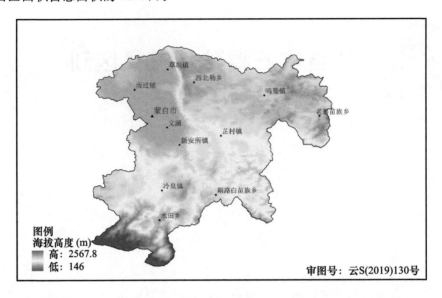

图例
海拔高度(m)
高：2567.8
低：146

审图号：云S(2019)130号

图 2-2 蒙自市海拔高度空间分布

蒙自有耕地 54387.29 hm²（815809.4 亩[①]）。其中：水田 3761.20 hm²（56418 亩），占 6.91%，水浇地 5404.65 hm²（81069.8 亩），占 9.94%，旱地 45221.44 hm²（678321.6 亩），占 83.15%。冷泉镇、芷村镇、鸣鹫镇、草坝镇耕地面积较大，占全市耕地面积的 57.39%。种植园地 26187.14 hm²（392807.1 亩）。其中：果园 23743.68 hm²（356155.2 亩），占 90.67%；茶园 35.73 hm²（536 亩），占 0.14%；其他园地 2407.73 hm²（36116 亩），占 9.19%。文澜镇、芷村镇、新安所镇种植园地面积较大，占全市种植园地面积的 57.68%。

2.2 蒙自市气候概况

蒙自市地处低纬高原，属亚热带季风气候区（图 2-3）。蒙自城区年平均气温 19.3 ℃，年平均最高气温 24.8 ℃，年平均最低气温 15.6 ℃，极端最高气温 36.0 ℃，出现在 1969 年 5 月 5 日，极端最低气温−4.4 ℃，出现在 1954 年 12 月 16 日；年平均降水量 816.9 mm，日最大降水量 122.7 mm，出现在 1998 年 7 月 26 日；年平均相对湿度 70.0%；年平均日照时数 2141.1 h；年平均风速 2.6 m/s，常年最多风向为 SSE（南东南）。

---

① 1 亩＝1/15 hm²。

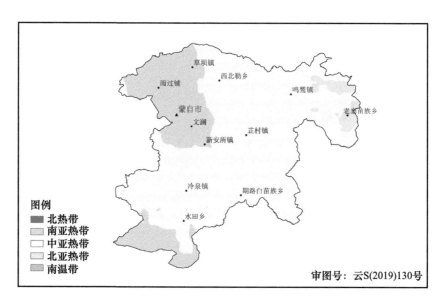

图 2-3　蒙自市气候带

2.3　蒙自市石榴生产概况

蒙自是中国盛产甜石榴最大的基地之一,是远近闻名的"石榴之乡"。蒙自甜石榴主产于新安所镇、文澜镇和草坝镇等地,产出丰富,远销国内外市场。据传,这里的甜石榴是从伊朗和阿富汗引进种植的,迄今已有 700 多年的历史。地处云南低纬度高原,属亚热带高原季风气候的蒙自市,再加上北回归线穿境而过,在这片红土地上无霜期长达 333 d,年平均日照时数达 2141.1 h。得天独厚的自然环境,为甜石榴生长提供了良好的生长条件,造就了蒙自甜石榴果大、皮薄、粒满、核软、汁多、味甜等优良品质。蒙自甜石榴有花果品种 19 种,其中,果石榴 12 种,观花石榴 7 种。

蒙自石榴于 1993 年和 1995 年参加全国第一、二届农业博览会,展销价居同类产品之首。1999 年获世博会蔬菜水果类最高奖项大奖,被授予"室内蔬菜水果——甜绿籽石榴"称号。2001 年、2002 年参加全国石榴主产区科技协作会获优质果品奖。2003 年蒙自石榴获原产地标记注册证。2004 年蒙自被原国家林业局授予"中国石榴之乡"称号。2005 年 11 月,116 株蒙自石榴树移栽钓鱼台国宾馆。

蒙自生产的甜石榴不仅籽粒晶莹似玛瑙,而且营养价值较高,可食部分占籽粒的 71%～87%。其中,甜绿籽、厚皮甜砂籽、甜光颜在国内石榴产品中属上乘品种。同国内其他产区比较,蒙自石榴成熟期提早 30～50 d,且由于立体气候,自 7 月底至 9 月自然形成早、中、晚熟产区。主栽品种甜绿籽,果实圆形中等大,果皮黄绿着红色,平均单果重 248 g,最大果重 800 g,百粒重 60 g。2021 年,全市种植面积达 13 万亩,产量 34 万 t(1 t＝1000 kg,下同),产值 11.9 亿元。

2.4 蒙自市石榴种植区划指标

2.4.1 种植影响因子分析

蒙自石榴 2 月上、中旬为萌芽展叶期,2 月下旬至 3 月上旬为春梢旺盛生长期,3 月中旬至 4 月下旬为开花坐果期,5 月为幼果期,6 月上旬至 7 月中下旬为果实膨大期,7 月下旬至 9 月为成熟采收期,10 月中旬开始进入落叶休眠期。

(1)石榴种植气候条件

① 温度

石榴喜温暖的气候,生长期内,要求年均气温在 15 ℃以上;萌芽时要求气温 10～12 ℃,气温达 15 ℃以上时开始开花。石榴能耐短期低温,特别是冬季休眠时,能耐一定的低温。从蒙自坝区气温资料分析,≥10 ℃积温 6225 ℃·d,年平均气温 19.3 ℃,2 月萌芽期平均气温 10～16 ℃,春季到初夏气温变化幅度小,不会影响到石榴生长期花芽的正常生长。在 3—4 月(开花坐果期)石榴生长关键期,如果气温＜15 ℃将会影响开花进程甚至造成坐果不良。故温度重点考虑全年≥10 ℃积温及 3—4 月平均气温。

② 水分

石榴的抗旱能力在果树中属于较强的,对水分的适宜性也很强,以年降水量 400～800 mm 为最适宜。然而,石榴在 7—8 月果实成熟关键期最适宜的气候条件为土壤湿润、气候干燥、降水量为 50～100 mm,降水量太少,干旱将会对果实的发育起到抑制作用,但若遇到持续阴雨天气,会造成裂果或腐烂,还会影响到石榴的外观及品质,进而造成严重的经济损失。故水分条件重点考虑 7—8 月累积降水量。

③ 光照条件

石榴属于喜光作物,在石榴开花坐果至果实发育期(3—6 月),如果光照充足对石榴的生长发育将起到促进作用,能提高花的分化效率,增加果实含糖量、使得色泽鲜艳且品质相对较好。如果光照不足,则会使石榴的枝条徒长、病虫害频发、叶片发黄,果实的品质及产量也会明显下降。

(2)石榴种植地形条件

石榴可种植在海拔 300～3000 m 的坡地、丘陵地,坡度＞25°的山坡地不宜种植石榴。

2.4.2 种植区划指标

综合考虑石榴生长的热量、水分、光照及地形条件,结合当地生产,遵循既定的气候区划原则,提出了石榴种植气候区划指标。通过征询有关专家的意见,对专家意见进行统计、处理、分析和归纳,客观地综合多数专家经验与主观判断,对大量难以采用技术方法进行定量分析的因子做出合理估算,最终确定年≥10 ℃积温、3—4 月(石榴开花坐果期)平均气温、7—8 月(石榴成熟期)累积降水量、3—6 月(石榴开花至果实发育期)累积日照时数 4 个指标作为蒙自市石榴种植气候适宜性区划指标,并按照最适宜、适宜、次适宜和不适宜进行分级。石榴种植气候区划指标及分级见表 2-1。

表 2-1 蒙自市石榴种植气候区划指标

气候因子	最适宜	适宜	次适宜	不适宜
年≥10 ℃积温(℃·d)	≥5800	5400～5800	5000～5400	<5000
3—4月平均气温(℃)	≥19	17～19	15～17	<15
7—8月累积降水量(mm)	250～350	350～450	≥450	<250
3—6月累积日照时数(h)	≥750	680～750	600～680	<600

根据石榴生长发育,充分考虑地形影响,提出了石榴种植地形因子区划指标,按照最适宜、适宜、次适宜和不适宜进行分级(表 2-2)。

表 2-2 蒙自市石榴种植地形区划指标

地形因子	最适宜	适宜	次适宜	不适宜
坡度(°)	0～10	10～15	15～25	≥25

适宜石榴栽培的土地类型主要有山地、农田和灌草地,不可种植区包括林地、荒漠山头、水域、峡谷、公路及城镇建设用地等。按照表 2-3 进行土地利用类型分级。

表 2-3 蒙自市石榴种植土地利用区划指标

土地利用类型	分级	土地利用类型	分级
河渠	非农用地	农村居民点	非农用地
湖泊	非农用地	其他建设用地	非农用地
水库坑塘	非农用地	疏林地	次适宜
平原旱地	最适宜	中覆盖度草地	适宜
其他林地	次适宜	低覆盖度草地	适宜
有林地	不适宜	丘陵旱地	最适宜
城镇用地	非农用地	丘陵水田	适宜
高覆盖度草地	次适宜	山地旱地	适宜
灌木林	次适宜	山地水田	适宜
平原水田	适宜		

2.4.3 综合种植区划指标

在区划过程中,由于不同气象要素因子(热量、水分、光照、地形和土地类型等)对石榴生长的重要性是不同的。利用气候和地形共 6 个因子,将"最适宜""适宜""次适宜""不适宜"四类,分别设置为1、2、3、4,土地利用增加"非农用地"赋值为0(该区域不参与综合适宜性区划计算)。然后使用权重法,主要是请有经验的专家对各因子的相对重要性给出定量的权重。最后按照下式进行图层叠加运算得到综合适宜性区划:

石榴适宜性种植综合区划指数＝年≥10 ℃积温×0.2＋3—4月平均气温×0.2＋7—8月累积降水量×0.2＋3—6月累积日照时数×0.2＋坡度×0.1＋土地利用×0.1。

所计算的石榴适宜性种植综合区划指数值域分布在 1.0～3.4,结合蒙自市石榴种植分布情况,按照表 2-4 进行适宜性等级划分。

表 2-4　蒙自市石榴种植综合区划分级

等级	值域
最适宜	1.0～1.5
适宜	1.5～2.0
次适宜	2.0～2.5
不适宜	≥2.5
非农用地	0

2.5　蒙自市石榴种植区划结果

根据石榴生长发育特点和中国石榴种植区气候特征,充分考虑蒙自市当地生产,遵循既定的气候区划原则,按照表 2-1～表 2-4 中的区划指标对蒙自市石榴种植进行适宜性区划。

2.5.1　年≥10 ℃积温

蒙自市石榴种植年≥10 ℃积温指标的适宜性存在最适宜区、适宜区、次适宜区以及不适宜区 4 个区域(图 2-4):最适宜区域的年≥10 ℃积温≥5800 ℃·d,主要分布在温度较高、热量条件较好的蒙自坝区及南部河谷地区;适宜区域的年≥10 ℃积温为 5400～5800 ℃·d,主要分布在蒙自市芷村、新安所、冷泉、期路白部分区域;次适宜区域的年≥10 ℃积温为 5000～5400 ℃·d,主要分布在西北勒、鸣鹫等地;不适宜区域的年≥10 ℃积温<5000 ℃·d,分布范围较小,主要分布蒙自市东北部高海拔地区,即老寨、鸣鹫的部分地区。

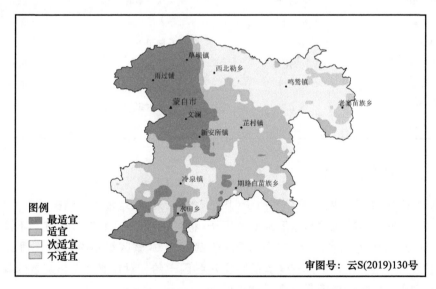

图 2-4　蒙自市石榴种植年≥10 ℃积温指标适宜性分布

2.5.2　3—4 月平均气温

蒙自市石榴种植 3—4 月平均气温指标适宜性存在最适宜区、适宜区、次适宜区以及不适宜区 4 个区域(图 2-5):最适宜区域的 3—4 月平均气温为≥19 ℃,主要分布在文澜、雨过铺、草坝、水田等地;适宜区域的 3—4 月平均气温为 17~19 ℃,主要分布在冷泉、水田、新安所、芷村、期路白等地;次适宜区域的 3—4 月平均气温为 15~17 ℃,主要分布在西北勒、鸣鹫、老寨等地;不适宜区域的 3—4 月平均气温为<15 ℃,分布在老寨、鸣鹫的少部分区域。

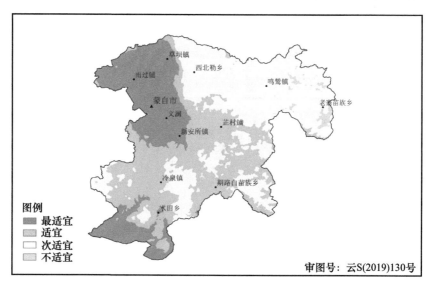

图 2-5　蒙自市石榴种植 3—4 月平均气温指标适宜性分布

2.5.3　7—8 月累积降水量

蒙自市石榴种植 7—8 月降水指标适宜性存在最适宜区、适宜区、次适宜区 3 个区域(如图 2-6):最适宜区域的 7—8 月累积降水量为 250~350 mm,分布在蒙自市的西北部,即文澜、新安所、雨过铺、草坝等地;适宜区域的 7—8 月累积降水量为 350~450 mm,分布范围广,主要在新安所、芷村、鸣鹫、老寨、冷泉等地;次适宜区域的 7—8 月累积降水量为≥450 mm,主要分布在期路白、水田等低地;不适宜区域的 7—8 月累积降水量为<250 mm,在蒙自市没有分布。

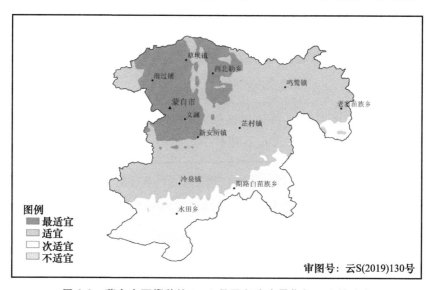

图 2-6　蒙自市石榴种植 7—8 月累积降水量指标适宜性分布

2.5.4 3—6 月累积日照时数

蒙自市石榴种植 3—6 月累积日照时数指标适宜性存在最适宜区、适宜区、次适宜区以及不适宜区 4 个区域(图 2-7):最适宜区域的 3—6 月累积日照时数≥750 h,主要分布在蒙自市中北部的文澜、雨过铺、新安所、草坝、西北勒、芷村、鸣鹫的大部分地区;适宜区域的 3—6 月累积日照时数为 680~750 h,分布在冷泉、芷村、老寨、期路白的部分地区;次适宜区域的 3—6 月累积日照时数为 600~680 h,分布在蒙自市南部的水田、冷泉、期路白等地;不适宜区域的 3—6 月累积日照时数为<600 h,主要分布在蒙自市的南部边缘地区。

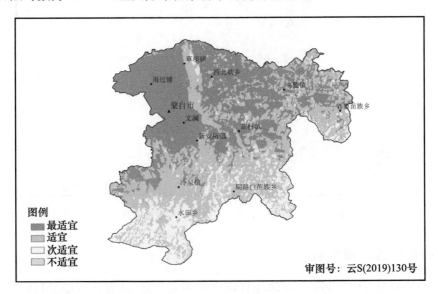

图 2-7　蒙自市石榴种植 3—6 月累积日照时数指标适宜性分布

2.5.5 坡度

蒙自市石榴种植坡度指标适宜性存在最适宜区、适宜区、次适宜区以及不适宜区 4 个区域(图 2-8):最适宜区域的坡度为 0°~10°,主要分布在蒙自坝区、芷村、西北勒等地;适宜区域的坡度为 10°~15°,零星分布在蒙自市中部和东部;次适宜区域的坡度为 15°~25°,零星分布在蒙自市中部和东部;不适宜区域的坡度为≥25°,主要分布在蒙自市南部地区。

2.5.6 综合种植区划

根据石榴种植适宜性区划指标,并使用权重法充分考虑气候条件、地形因子及土地利用类型等多项因子(参照 2.4.3),可将蒙自市石榴种植区域划分为最适宜区、适宜区、次适宜区以及不适宜区 4 个区域(图 2-9):

最适宜种植的地区分布在蒙自市的新安所西北部、文澜西部、雨过铺大部、草坝大部等地。该区域为坝区,坡度较为平缓,年≥10 ℃积温超过 5800 ℃·d,3—4 月平均气温超过 19 ℃,7—8 月累积降水量为 250~350 mm,3—6 月累积日照时数大都在 750 h 以上,气象、地形等条件均十分适宜石榴生长。

适宜种植的地区分布在芷村大部、新安所大部、冷泉中部、西北勒大部等地。该区域年≥10 ℃积温 5000~5800 ℃·d,3—4 月平均气温 17~19 ℃,7—8 月累积降水量偏多,在一定程度上会影响石榴品质。

次适宜区分布在鸣鹫大部、期路白大部、冷泉、水田大部等地。该区域 3—6 月累积日照不足，7—8 月累积降水过多，年≥10 ℃积温和 3—4 月平均气温也有所不足，所以不太适宜种植石榴。

不适宜区种植区域主要分布在高海拔地区，由于海拔高度的影响，其气温、积温、日照等条件不适宜种植石榴，主要是老寨东部、期路白东部、水田中部等地。

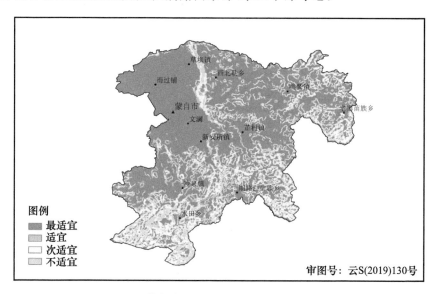

图 2-8 蒙自市石榴种植坡度指标适宜性分布

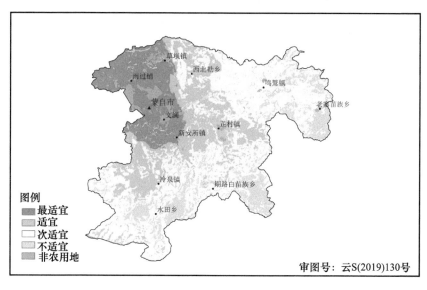

图 2-9 蒙自市石榴种植综合适宜性区划

17

第3章 个旧市苹果种植气候区划

3.1 个旧市情

个旧又名"锡都",地处云南省东南部,红河州中部,位于东经 102°54′—103°25′、北纬 23°01′—23°36′。坐落在红河北岸,距省城昆明 280 km,离越南 200 km。市区地处阴、阳两山之间,全市面积 1587 km²。下辖 4 个街道、4 个镇、2 个乡,世居汉、彝、回、苗、傣等民族,2021 年有常住人口 41.9 万人,户籍人口 14.31 万户 37.64 万人,常住人口 20.5 万人,城区人口密度为 15570 人/km²,常住人口城镇化率 74.05%。全市居住有彝族、回族、壮族、苗族、傣族等少数民族 21 个,占总人口的 31.05%。个旧市地理位置如图 3-1 所示。

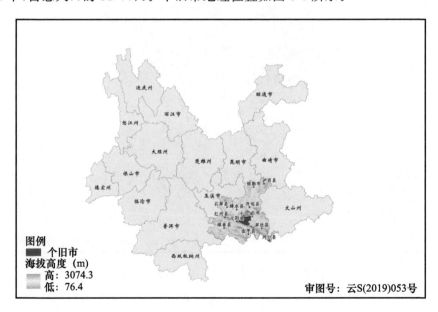

图 3-1 个旧市地理位置

18

个旧处于哀牢山脉之中,北回归线穿境而过,境内重峦叠嶂,河流纵横,山地面积占 86%,地势呈中部高而南北低(图 3-2),山峰平均海拔在 2000 m 以上,其中东部的莲花山海拔 2740 m,是全市最高点;山间盆地主要分布在东北面,低山河谷主要集中在南部的红河沿岸,红河岸边的蔓耗镇是全市地势最低的地方,海拔仅 150 m。市区周围群山环抱,中间镶嵌有一个 0.7 km² 的金湖。全市山区面积占 85%,坝区面积占 15%。个旧的崇山峻岭蕴藏着丰富的矿藏资源、植物资源和动物资源。

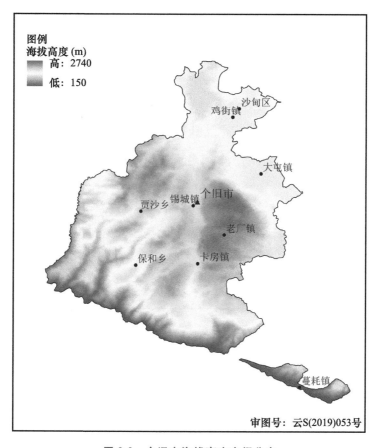

图 3-2　个旧市海拔高度空间分布

3.2　个旧市气候概况

个旧市属亚热带山地季风气候,由于受地理位置和地形条件影响,气候的垂直变化显著,俗称"一山分四季,十里不同天"(图 3-3)。个旧城区年平均气温 16.7 ℃,年平均最高气温 20.6 ℃,年平均最低气温 14.0 ℃,极端最高气温 30.3 ℃,出现在 1969 年 5 月 5 日,极端最低气温 −4.7 ℃,出现在 1974 年 1 月 4 日;年平均降水量 1059.8 mm,日最大降水量 118.4 mm,出现在 1982 年 6 月 23 日;年平均相对湿度 75.0%;年平均日照时数 2057.5 h;年平均风速 3.7 m/s,常年最多风向为 S(南)。

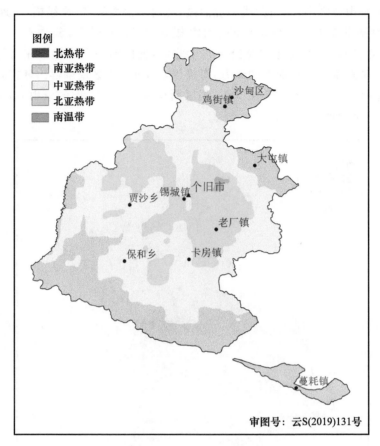

图例
■ 北热带
▨ 南亚热带
□ 中亚热带
▨ 北亚热带
▨ 南温带

鸡街镇　沙甸区

大屯镇

贾沙乡　锡城镇　个旧市

老厂镇

保和乡　卡房镇

蔓耗镇

审图号：云S(2019)131号

图3-3　个旧市气候带

3.3　个旧市苹果生产概况

2021年在个旧市大屯街道、老厂镇种植苹果0.7万亩,其中个旧老厂镇马鹿塘村、羊坝底村等地种植糖心苹果。由于海拔高、温差大,得天独厚的地理环境孕育了苹果独有的色泽、糖心。苹果果面光滑细腻,果肉轻微泛黄,一口咬下去,果肉脆甜、汁水四溢。而且这里的苹果不套袋、不催红、不打蜡,自然成熟度高,可谓是纯天然零添加。2021年按照云南省委"5+8"现代产业体系(先进制造业、旅游文化业、高原特色现代农业、现代物流业、健康服务业等支柱产业+绿色能源、数字经济、生物医药、新材料、环保、金融服务业、房地产业、烟草等优势产业)建设思路,个旧市聚力打造"绿色食品牌",大力开发早熟优质葡萄、阴山优质苹果等绿色品牌。

3.4　个旧市苹果种植区划指标

从生长发育期来看,个旧当地苹果在11月至次年2月定植,2月中下旬为花芽期,3月下旬至4月下旬为开花期,5月为幼果期,6月上旬—8月中旬为果实膨大期,8月下旬至9月中旬为果实成熟期,9 月下旬开始可以采摘,10 月中旬至次年 3 月上旬休眠。

3.4.1　种植影响因子分析

(1)苹果种植气候条件

① 温度

苹果是喜低温干燥的温带水果,要求冬无严寒,夏无酷暑。适宜的温度范围是年平均气温 9.0～14.0 ℃,冬季极端低温不低于−12.0 ℃,夏季最高月均温不高于 20.0 ℃。虽然苹果树喜低温干燥,但花器官抗寒性较差,强度较大的降温过程会对苹果花造成致命伤害,进而影响产量和品质。苹果的花蕾能耐−2.9～−2.8 ℃的低温,花期能耐−2.2～−1.7 ℃的低温,谢花后的幼果能耐的低温不能低于−1.1 ℃,随着气候变暖花期提前,苹果生长面临春季花期霜冻的威胁,故区划指标重点考虑花期(3—4 月)极端最低气温。另外,6—8 月的平均温度对果形、硬度、酸糖比的影响最为明显,要保持苹果适宜的酸糖比 6—8 月平均温度应在 18.5～22.0 ℃为宜,温度过低和过高都会影响果实中糖分的积累。

② 水分

苹果经休眠后,要求一定水分才能萌芽。水分不足,常使萌芽延迟,或萌芽不整齐,影响新梢生长。新梢生长期水分不足,生态反应为枝弱,停长早,叶片小,易落叶,树体整体营养生长弱;水分过多,树体枝叶生长过旺,组织不充实,贮藏养分水平低,水分进一步过剩,则会引起涝害,如烂根,树势衰弱,早落叶,树冠枯顶,以致死树。

③ 光照条件

苹果原产日照强烈的内陆地区,为喜光果树。国内外苹果主产区年日照时数多在 2000 h 左右,果实生长发育期、着色期及成熟期三个关键时期的月平均日照时数在 150～200 h。光照通过对光合作用而影响到花青苷的合成。进行人工遮光处理的结果表明,随遮光程度的加重,果实着色变差,大果减少,果心比重加大,品质降低。

(2)苹果种植与地形因子的关系

坡度不超过 5°,地势较平坦的平地如平原、高原、海涂、低洼地等,一般土壤比较肥沃,水源充足,气候变化幅度不大,苹果树生长发育良好,树体大,根系深,而且管理方便,便于机械化操作,运输条件好,水土不易流失。个旧处亚热带季风气候区,海拔较低地区夏季高温对苹果生长不利,相对来说,海拔较高的地区,夏季比较凉爽,且日照时间更长,更能满足苹果生长的需求。但是,海拔过高,也会使苹果冬季发生霜冻。

3.4.2　种植区划指标

20 世纪 80 年代初中国农业科学院果树研究所研究形成了一整套苹果生产气候适宜性区划指标,但这些指标阈值范围较大,难以满足单一品种优质生产气候区划和精细化气候区划。统计分析个旧市的气候特点,通过与全国苹果气候区划气象因子对比,结合个旧市苹果实际生产调查结果,选取 3—4 月极端最低气温、6—8 月平均气温、年降水量 3 个指标作为个旧市苹果种植气候适宜性区划指标(没有选择日照指标,是因为个旧市辖区内的年日照时数大部分在 1900 h 以上,差异不大,均能满足苹果生长所需)。苹果种植气候区划指标及分级见表 3-1。

表 3-1 个旧市种植气候区划指标

气候因子	最适宜	适宜	次适宜	不适宜
3—4月极端最低气温(℃)	>0	−2.0~0.0	−5.0~−2.0	≤−5.0
6—8月平均气温(℃)	16~18	18~19;15~16	19~21;13~15	<13;≥21
年降水量(mm)	900~1100	1100~1200; 800~900	1200~1400; 600~800	<600;≥1400

根据苹果生长发育,充分考虑地形影响,提出了苹果种植地形因子区划指标。因海拔与气温的相关性较大,为排除指标的同一性,仅选取坡度作为个旧市苹果种植地形适宜性指标,并按照最适宜、适宜、次适宜和不适宜进行分级。苹果种植地形区划指标及分级见表3-2。

表 3-2 个旧市苹果种植地形区划指标

地形因子	最适宜	适宜	次适宜	不适宜
坡度(°)	0~10	10~15	15~25	≥25

依据土地利用不同类型对个旧市土地种植所造成影响存在差异,将个旧市土地利用按照下表进行分级(表3-3)。

表 3-3 个旧市苹果种植土地利用区划指标

土地利用类型	分级	土地利用类型	分级
河渠	非农用地	农村居民点	非农用地
湖泊	非农用地	其他建设用地	非农用地
有林地	不适宜	疏林地	适宜
裸岩石砾地	次适宜	中覆盖度草地	最适宜
水库坑塘	非农用地	低覆盖度草地	最适宜
永久性冰川雪地	非农用地	平原旱地	最适宜
其他林地	次适宜	平原水田	次适宜
城镇用地	非农用地	坡旱地	最适宜
高覆盖度草地	适宜	丘陵旱地	最适宜
灌木林	最适宜	丘陵水田	次适宜
山地水田	次适宜	山地旱地	最适宜

3.4.3 综合种植区划指标

由于不同气象要素因子对苹果生长的重要性是不同的,利用气候和地形共5个因子,将"最适宜""适宜""次适宜""不适宜"4类,分别设置为1、2、3、4,土地利用增加"非农用地"赋值为0(该区域不参与综合适宜性区划计算)。然后使用权重法,按照下式进行图层叠加运算得到综合的适宜性区划指标:

苹果适宜性种植综合区划指数=3—4月极端最低气温×0.2+6—8月平均气温×0.2+年降水量×0.4+坡度×0.1+土地利用×0.1。

所计算的苹果适宜性种植综合区划指数值域分布在1.2~4.0,结合个旧苹果种植分布情况,按照表3-4进行适宜性等级划分。

表3-4 个旧市苹果种植综合区划分级

等级	值域
最适宜	1.2~1.9
适宜	1.9~2.5
次适宜	2.5~2.8
不适宜	≥2.8
非农用地	0.0

3.5 个旧市苹果种植区划结果

3.5.1 3—4月极端最低气温

根据苹果种植3—4月极端最低气温适宜性指标进行区划,存在最适宜区、适宜区、次适宜区以及不适宜区4个区域(图3-4):最适宜区域的3—4月极端最低气温在0 ℃以上,主要集中分布在蔓耗镇及保和、卡房的南部河谷地区;适宜区域的3—4月极端最低气温为−2~0 ℃,主要分布在沙甸、鸡街、大屯大部以及贾沙、保和、卡房的中南部;次适宜区域的3—4月极端最低气温为−5~−2 ℃,主要分布在锡城、卡房等乡镇;不适宜区域的3—4月极端最低气温低于−5 ℃,主要集中分布在老厂镇。

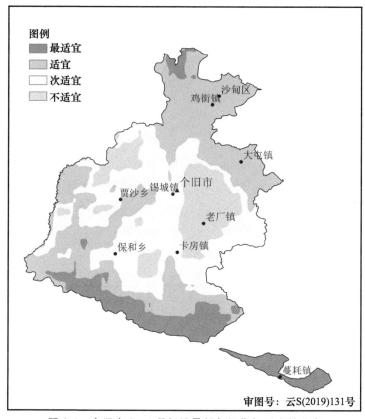

审图号:云S(2019)131号

图3-4 个旧市3—4月极端最低气温指标适宜性分布

3.5.2 6—8月平均气温

根据苹果种植6—8月平均气温适宜性指标进行区划,存在最适宜区、适宜区、次适宜区以及不适宜区4个区域(图3-5):最适宜区域的6—8月平均气温为16~18 ℃,主要集中分布在老厂镇;适宜区域的6—8月平均气温为18~19 ℃,主要集中分布在最适宜区的周围,在老厂、锡城、卡房、贾沙等乡镇均有分布;次适宜区域的6—8月平均气温为19~21 ℃,主要在适宜区的周围成片分布;不适宜区域的6—8月平均气温为≥21 ℃,主要在鸡街、大屯、保和、蔓耗等坝区及河谷地区。

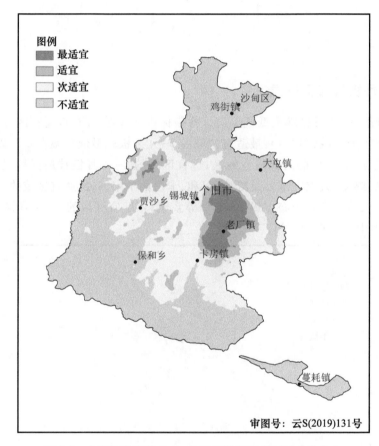

审图号:云S(2019)131号

图3-5 个旧市苹果种植6—8月平均气温指标适宜性分布

3.5.3 年降水量

根据苹果种植年降水量指标适宜性指标进行区划,存在最适宜区、适宜区、次适宜区、不适宜区4个区域(图3-6):最适宜区域的年降水量为900~1100 mm,在中北部的老厂、大屯、鸡街、沙甸等乡镇广泛分布;适宜区域的年降水量为1100~1200 mm或800~900 mm,在中部的锡城、卡房、老厂等地分布;次适宜区的年降水量为1200~1400 mm,主要集中在南部保和、卡房等乡镇分布;不适宜区的年降水量在1400 mm以上,主要集中分布在蔓耗镇。

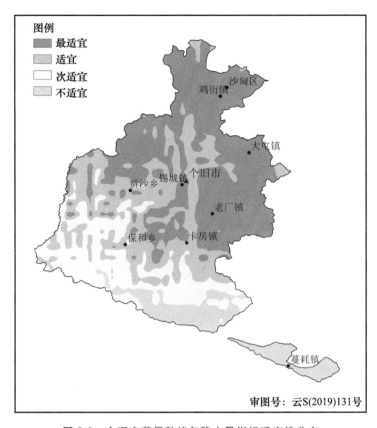

图例
■ 最适宜
■ 适宜
□ 次适宜
▨ 不适宜

审图号：云S(2019)131号

图 3-6　个旧市苹果种植年降水量指标适宜性分布

3.5.4　坡度

根据苹果种植地形因子适宜性指标，个旧市苹果种植坡度指标适宜性存在最适宜区、适宜区、次适宜区以及不适宜区 4 个区域(图 3-7)：最适宜区域的坡度为 0°～10°，主要分布在中部和北部的鸡街、大屯、锡城、老厂等乡镇；适宜区域的坡度为 10°～15°，在所有乡镇均有零星分布；次适宜区域的坡度为 15°～25°，主要分布在南部的贾沙、保和、卡房和蔓耗；不适宜区域的坡度为 ≥25°，主要分布在次适宜区域周边更高坡度区域。

3.5.5　综合种植区划

根据苹果种植适宜性区划指标，充分考虑气候条件、地形因子及土地利用类型等多项因子(参照 3.4.3)，可将个旧市苹果种植区域划分为最适宜区、适宜区、次适宜区以及不适宜区 4 个区域(图 3-8)。

最适宜种植区域集中分布在老厂镇，这里年降水量 900～1100 mm，6—8 月平均气温16～18 ℃，坡度较为平缓，且土地利用类型与种植苹果不相冲突。然而，该区域 3—4 月极端气温最低，具有遭受花期冻害的一定风险，需注意防范。适宜种植区域主要分布东北部的老厂、锡城、鸡街等乡镇，这里年降水量为 1100～1200 mm，土地利用类型包括高覆盖度草地、疏林地，种植苹果的适宜性较高。次适宜种植区域分散分布在各个乡镇。不适宜种植区域主要分布在蔓耗、卡房、保和、贾沙 4 个乡镇，主要是因为这些乡镇地形坡度较大，夏季气温过高，且蔓耗年降水量过高，所以不能满足苹果种植所需条件。

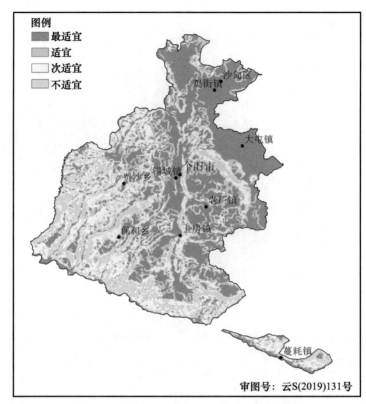

图 3-7 个旧市苹果种植坡度指标适宜性分布

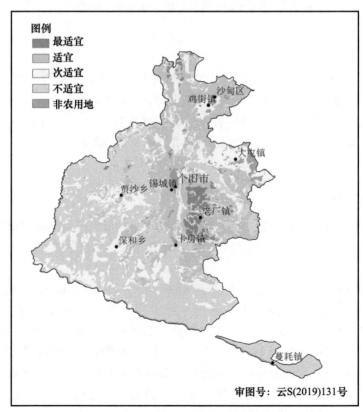

图 3-8 个旧市苹果种植综合适宜性区划

第4章 泸西县夏玉米种植气候区划

4.1 泸西县情

泸西县位于云南省东南部、红河州北部，地处昆明、曲靖、红河、文山"四州市"交汇处，东北与师宗接壤，西北与石林、陆良接界，西南与弥勒毗邻，东南与丘北相望，处在"滇中城市经济圈"的重要节点，是红河州通往贵州及西南各地的重要通道。县城距省会昆明市 166 km，距州府蒙自市 178 km，距曲靖 134 km，距文山州 231 km，距贵州省兴义市 170 km。泸西介于东经 103°30′—104°00′，北纬 24°15′—24°26′。全县辖中枢镇、金马镇、旧城镇、午街铺镇、白水镇、向阳乡、三塘乡、永宁乡 8 个乡镇，81 个村、477 个村民小组。2021 年全县户籍人口 45.11 万人，世居汉族、彝族、回族、傣族、壮族、苗族 6 个民族，少数民族占总人口的 16.08%，泸西县地理位置如图 4-1。

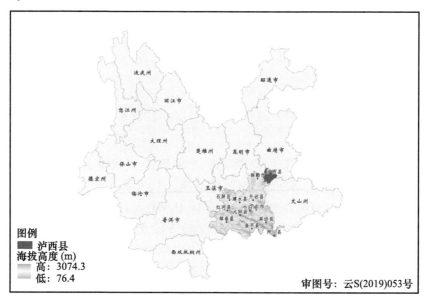

图例
泸西县
海拔高度 (m)
高：3074.3
低：76.4

审图号：云S(2019)053号

图 4-1 泸西县地理位置

泸西县地处珠江流域上游,地势东部高、西南低(图4-2)。全县地势起伏较大,最高点在东山梁子老佐坟箐,海拔2459 m;最低点在南盘江小河口,海拔820 m,高差达1639 m。县城海拔1710 m,全县坝区面积285 km²,占土地面积的17%;山区面积808.2 km²,占总面积的48.3%;丘陵面积580.8 km²,占总面积的34.7%。泸西县"三山夹两河",东部为东华山脉(又称东山梁子),中部为西华山脉(即白泥山),西部为外青沙岭(煤炭山脉)。在三条山脉之间,形成了境内最大的金马河、小江河两大水系和中枢、爵册、桃园、挨来四个万亩坝子及三河、善导、大瑞、永宁、旧城等13个千亩丘原小坝。

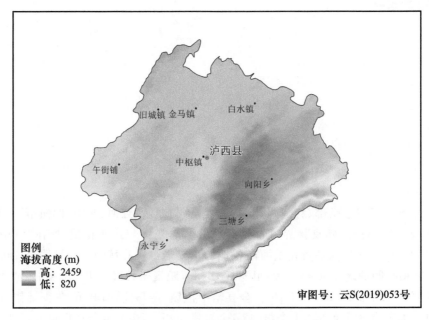

图4-2 泸西县海拔高度空间分布

泸西县全县有耕地58694.44 hm²(880416.6亩)。其中,水田6072.06 hm²(91080.9亩),占耕地10.35%;水浇地7507.63 hm²(112614.5亩),占耕地12.79%;旱地45114.75 hm²(676721.3亩),占76.86%。白水镇、中枢镇、向阳乡、午街铺镇耕地面积较大,占全县耕地面积的60.11%。

4.2 泸西县气候概况

泸西县气候特点,总的是干湿分明,夏季多雨,冬季干旱,气候除季节性的变化外,还由于各地海拔和地势的不同而存在着局部性的地区差异,实际上属于亚热带、温带共存的立体气候类型(图4-3)。冬季(干季)主要受西风环流控制,云量少,日照充足,气温偏高,降雨少,温度低,风速大,天气晴朗是干季的气候特点,但亦经常受到极地冷气团及东南回归气流的影响,时有阴冷和小雨天气。夏季(雨季)主要受西南暖湿气流控制,它来自印度洋孟加拉湾,水汽充沛,形成大量降雨(有时也受东南北部湾暖湿气流的影响),夏季温度不高,秋季易受低温、冷害。泸西城区年平均气温15.5 ℃,年平均最高气温22.0 ℃,年平均最低气温11.1 ℃,极端最高气温34.1 ℃,出现在1974年5月2日,极端最低气温−11.3 ℃,出现在1983年12月29日;年平均降水量858.4

mm,日最大降水量149.2 mm,出现在 1978 年 9 月 5 日;年平均相对湿度 76.0%;年平均日照时数 2027.1 h;年平均风速 2.6 m/s,常年最多风向为 SSW(南西南)。

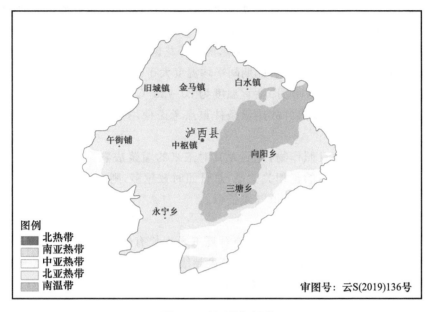

图 4-3 泸西县气候带

4.3   泸西县夏玉米生产概况

玉米是云南重要的粮食作物之一,由于云南显著的立体式气候特征,玉米生产也有其特殊性,主要表现为在玉米生长过程中,对热量、光照等方面有比较高的要求,而泸西地区光照比较充足,因此,比较适宜玉米种植。2021 年全县共种植玉米 15.7092 万亩,主要品种有:康农 2号、云瑞系列、惠农单 2 号、华兴单 88 号等,平均单产 441.2 kg,总产 6.9303 万吨。

4.4   泸西县夏玉米种植区划指标

玉米生育期是指玉米从播种到新种子成熟所经历的天数,生育期的长短因品种、播种期、光照、温度等环境条件差异而有所不同。夏玉米 5 月下旬为播种期;6 月下旬—7 月上旬为苗期;7 月中、下旬为拔节期;8 月上旬—9 月上旬为灌浆成熟期。9 月中旬玉米陆续成熟,并开始收获。

4.4.1   种植影响因子分析

(1)夏玉米种植气候条件

玉米喜高温、需水、喜光。整个生育期都要求有较高的热量条件,特别是≥10 ℃积温对于玉米干物质生产有重要作用。夏玉米全生育期所需积温都大于 2200 ℃·d,从泸西县历年积温来看,均能满足夏玉米对热量的要求。夏玉米种子在 10～12 ℃时能够顺利发芽,最适宜的温度是 28～32 ℃,泸西县播种期的平均温度高于 21 ℃,有利于种子发芽出苗。一般套种夏玉米从拔节至抽雄要经历 20 多天的时间,此期是夏玉米雄雌穗分化、发育和形成的重要时期,要求温度 24～26 ℃为宜。夏玉米抽雄开花期要求日平均温度 25～27 ℃,低于 18 ℃或高于 38 ℃,夏玉米都不能开花。相对湿度低于 30% 以下开花甚少,即便开花也丧失萌发能力。高温条件下,花丝易干枯,受精不良,造成缺粒减产。泸西县此期间平均温度大于 21 ℃,相对湿度在 50% 以上,适合夏玉米开花授粉。灌浆至成熟期(8 月)适宜温度为 20～25 ℃,低于 18 ℃或高于 25 ℃会影响光合作用和酶的活动,将推迟成熟。故热量条件重点考虑使用 8 月平均气温作为夏玉米种植气候指标。

夏玉米是喜温好光的短日照作物,光照尤其对玉米的灌浆成熟影响很大。夏玉米生育期间的总日照时数与产量有较好的正相关关系,总日照时数越多,则产量越高。故考虑夏玉米全生育期 6—9 月累积日照时数作为种植气候指标。

(2)夏玉米种植与地形因子的关系

大量研究表明,海拔、坡度、坡向、地形等对夏玉米生长有较大的影响。海拔高则温度低,积温减少,易引起夏玉米的产量和品质降低;坡度越缓越有利于管理,更适宜夏玉米种植,而且坡度、坡向的不同,日照时间和太阳辐射强度都有较大差异;地形反映种植区所处的空间位置,不同地形的土壤具有不同的养分条件、耕作条件、物理性质、土壤肥力,地形通过影响水文条件进而影响产量。

分析表明,夏玉米种植分布于坡度小于 20°的区域,其中分布最为集中的区域为 5°～15°;从坡向来看,夏玉米种植区域的分布受到了坡向的一定影响,但这种影响不大,在选择夏玉米种植区域时,可优先考虑其他因子,并兼顾坡向因子即可。

另外,从海拔高度来看,夏玉米容易受低温的影响,高海拔导致的低温会导致明显降产。对于夏玉米而言,形成产量最大差异的临界高度在 1700～1900 m,可作为判断夏玉米生长是否受到显著影响的分水岭。随海拔高度的增加,温度的降低,夏玉米叶片最大净光合速率和光合能力逐渐降低,同一品种在不同海拔、不同生育阶段,光合特性都有明显的差异。

4.4.2 种植区划指标

根据夏玉米生长发育特点和中国夏玉米种植区气候特征,充分考虑泸西县当地生产实际情况,遵循既定的气候区划原则,提出了夏玉米种植气候区划指标。选取 8 月平均气温、6—9 月累积日照时数 2 个指标作为泸西县夏玉米种植气候适宜性区划指标(没有选择年≥10 ℃积温指标,是因为泸西县辖区内的年≥10 ℃积温均在 3500 ℃·d 以上,差异不大,均能满足夏玉米生长所需),按照最适宜、适宜、次适宜和不适宜进行分级。夏玉米种植农业气候区划指标及分级见表 4-1。

表 4-1　泸西县夏玉米种植气候区划指标

气候因子	最适宜	适宜	次适宜	不适宜
8 月平均气温(℃)	22.5～24	20～22.5	24～25.4 或 19～20	<19 或≥25.4
6—9 月累积日照时数(h)	≥570	550～570	520～550	<520

根据夏玉米生长发育,充分考虑地形影响,提出了夏玉米种植地形因子区划指标。因海拔与气温的相关性较大,为排除指标的同一性,选取坡度作为泸西县夏玉米种植地形适宜性指标,并按照最适宜、适宜、次适宜和不适宜进行分级。夏玉米种植地形区划指标及分级见表 4-2。

表 4-2　泸西县夏玉米种植地形区划指标

地形因子	最适宜	适宜	次适宜	不适宜
坡度(°)	0~8	8~15	15~25	≥25

依据土地利用不同类型对泸西县夏玉米种植所造成影响存在差异,将泸西县土地利用按照表 4-3 进行分级。

表 4-3　泸西县夏玉米种植土地利用区划指标

土地利用类型	分级	土地利用类型	分级
河渠	非农用地	农村居民点	非农用地
湖泊	非农用地	其他建设用地	非农用地
裸土地	非农用地	疏林地	非农用地
裸岩石砾地	非农用地	中覆盖度草地	最适宜
水库坑塘	非农用地	低覆盖度草地	适宜
永久性冰川雪地	非农用地	平原旱地	最适宜
其他林地	非农用地	平原水田	不适宜
滩地	非农用地	坡旱地	适宜
有林地	非农用地	丘陵旱地	最适宜
城镇用地	非农用地	丘陵水田	不适宜
高覆盖度草地	最适宜	山地旱地	最适宜
灌木林	最适宜	山地水田	不适宜

4.4.3　综合种植区划指标

在区划过程中,由于不同气象要素因子(热量、水分、光照、灾害和土壤等)对夏玉米生长的重要性是不同的。利用气候和地形共 4 个因子,将"最适宜""适宜""次适宜""不适宜"4 类,分别设置为 1、2、3、4,土地利用增加"非农用地"赋值为 0(该区域不参与综合适宜性区划计算)。然后使用权重法,考虑日照时数对夏玉米的营养物质累积作用关系较大,故赋予较大权重,最后按照下式进行图层叠加运算得到综合适宜性区划。

夏玉米适宜性种植综合区划指数＝8 月平均气温×0.3＋6—9 月累积日照时数×0.4＋坡度×0.2＋土地利用×0.1。

所计算的夏玉米适宜性种植综合区划指数值域分布在 0.7~4,结合泸西县夏玉米种植分布情况,按照表 4-4 进行适宜性等级划分。

表 4-4　泸西县夏玉米种植综合区划分级

等级	值域
最适宜	0.7~1.9
适宜	1.9~2.5

续表

等级	值域
次适宜	2.5～2.8
不适宜	≥2.8
非农用地	0.0

4.5 泸西县夏玉米种植区划结果

4.5.1 8月平均气温

泸西县夏玉米种植8月平均气温指标适宜性存在最适宜区、适宜区、次适宜区以及不适宜区4个区域(图4-4);最适宜区域的8月平均气温为22.5～24.0 ℃,主要分布在东南边缘的低海拔地区;适宜区域的8月平均气温为20.0～22.5 ℃,主要分布在午街、中枢、永宁的部分地区;次适宜区域的8月平均气温为19.0～20.0 ℃或24.0～25.4 ℃,主要分布在除中部偏东的全县大部分地区;不适宜区域的8月平均气温为<19.0 ℃或≥25.4℃,主要分布三塘、向阳等中部偏东的高海拔地区以及少部分北部边缘地区。

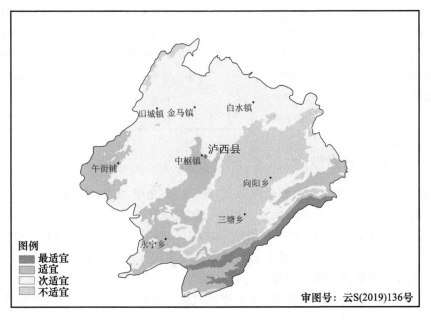

图 4-4　泸西县夏玉米种植8月平均气温指标适宜性分布

4.5.2 6—9月累积日照时数

泸西县夏玉米种植6—9月累积日照时数指标适宜性存在最适宜区、适宜区、次适宜区以及不适宜区4个区域(图4-5);最适宜区域的6—9月累积日照时数≥570 h,分布在泸西中部的中枢、金马,高海拔的向阳、三塘部分地区;适宜区域的6—9月累积日照时数为550～570 h,分布在泸西东部的大部分地区,白水、向阳和三塘的东部有少量分布;次适宜区域的6—9月累积日照时数为 520~550 h,分布在泸西县东北部大部地区;不适宜区域的 6—9 月累积日照时数<520 h,主要分布在泸西东部边缘,永宁有零星分布。

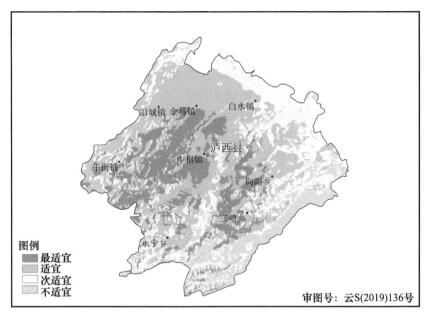

图 4-5 泸西县夏玉米种植 6—9 月累积日照时数指标适宜性分布

4.5.3 坡度

泸西县夏玉米种植坡度指标适宜性存在最适宜区、适宜区、次适宜区以及不适宜区 4 个区域(图 4-6):最适宜区域的坡度为 0°~8°,分布在泸西县的大部分地区;适宜区域的坡度为 8°~15°,分布于全县最适宜区周围的各个乡镇;次适宜区域的坡度为 15°~25°,分布在中部河谷以及永宁、三塘、向阳部分地区;不适宜区域的坡度为≥25°,分布在东南部边缘地区。

图 4-6 泸西县夏玉米种植坡度指标适宜性分布

4.5.4 综合种植区划

根据夏玉米种植适宜性区划指标,并使用权重法充分考虑气候条件、地形因子及土地利用类型等多项因子(参照 4.4.3 节),可将泸西县夏玉米种植区域划分为最适宜区、适宜区、次适宜区以及不适宜区 4 个区域(图 4-7)。

最适宜种植区域分布于中枢、金马、午街、永宁的部分地区,这些区域 8 月平均气温20.0～22.5 ℃,6—9 月日照时数 570 h 以上,坡度在 8°以下。

适宜种植区域分布于泸西县西部和南部大部分地区,以及东部有部分零星分布,这些区域8 月平均气温 19.0～20.0 ℃,6—9 月日照时数 550～570 h,坡度在 8°以下。

次适宜种植区域主要分布于泸西县东部地区,少量分布于向阳、三塘等海拔较高地区,这些区域 8 月平均气温 18.0～20.0 ℃,6—9 月日照时数 520～550 h,坡度在 8°～15°,存在 8 月低温的风险。

不适宜种植区域仅分布于南部河谷地带、向阳、三塘部分地区,这些区域 8 月平均气温＜18 ℃,6—9 月日照时数 520～570 h,坡度＞15°,海拔高度＞1900 m,海拔太高、气温偏低、坡度较大,故不适宜夏玉米的种植。

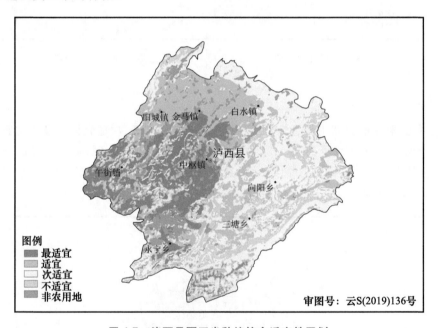

图 4-7 泸西县夏玉米种植综合适宜性区划

第5章	建水县蓝莓种植气候区划

5.1　建水县情

　　建水位于云南省南部(图 5-1)、红河中游北岸,县境东接弥勒市、开远市和个旧市,南隔红河与元阳县相望,西邻石屏县,北与通海县、华宁县相连,距省城昆明 220 km、距州府蒙自和红河机场 80 km、距中越边境口岸河口 250 km;全县面积为 3782 km²,辖 14 个乡镇,137 个村委会,16 个社区,1028 个自然村,总人口 55.48 万人,有彝族、回族、哈尼族、傣族、苗族 5 个世居少数民族,少数民族人口 23.02 万人,占全县总人口的 41.5%。是云南边陲一座色彩斑斓、钟灵毓秀的国家级历史文化名城。

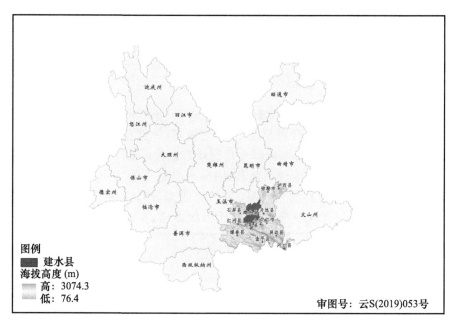

图 5-1　建水县地理位置

建水地处滇东高原南缘,地势南高北低(图5-2)。南部五老峰为最高点,海拔2515 m;五老峰南至红河谷地的阿土村为最低点,海拔230 m。境内南北分布有建水、曲江两个盆地,海拔1300 m。境内东西走向的山脉分南北两支,将建水和曲江两个坝子隔开。境内主要河流泸江河、曲江河、塔冲河、南庄河等属南盘江水系,坝头河、玛朗河、龙岔河等属红河水系。

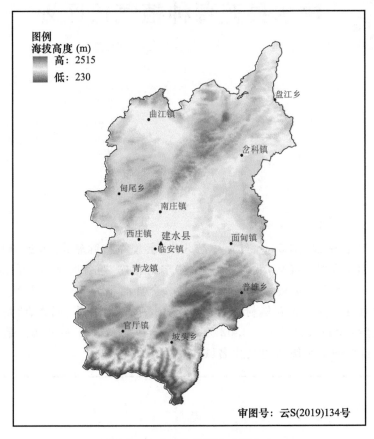

图5-2　建水县海拔高度空间分布

建水地处北回归线上,有着良好的光热条件,形成了12万亩柑橘、10万亩葡萄、6万亩石榴、1万亩蓝莓的特色水果产业,全年种植蔬菜35万亩,高原特色农业遍地开花,成为"全国最大的早熟夏黑葡萄基地",被列为"国家级鲜食葡萄栽培农业标准化示范区"。先后获得全国农业标准化示范县、全国无公害蔬菜生产示范县、中国果品之乡等多项殊荣。2021年持续巩固67万亩粮食、35万亩蔬菜、32万亩特色水果、70万头牲畜、650万羽家禽特色产业基地建设,实施高标准农田、特色水果现代农业产业园、温氏生猪养殖、畜禽粪污资源化利用整县推进等项目。实现农业总产值75.45亿元,同比增长5.9%。

5.2　建水县气候概况

建水县位于低纬度地区,北回归线横穿南境,光照时间长,无霜期长,有效积温高,属南亚热带季风气候,具有"干湿分明,雨热同季,秋春相连,夏长无冬"的气候特点(图5-3)。建水城

区年平均气温19.3 ℃,年平均最高气温25.2 ℃,年平均最低气温14.8 ℃,极端最高气温35.1
℃,出现在1980 年 5 月 15 日,极端最低气温－3.1 ℃,出现在1983 年 12 月 29 日;年平均降水
量 790.9 mm,日最大降水量134.1 mm,出现在 2004 年 9 月 7 日;年平均相对湿度 70.0%;年
平均日照时数 2215.5 h;年平均风速 2.2 m/s,常年最多风向为 SSW(南西南)。

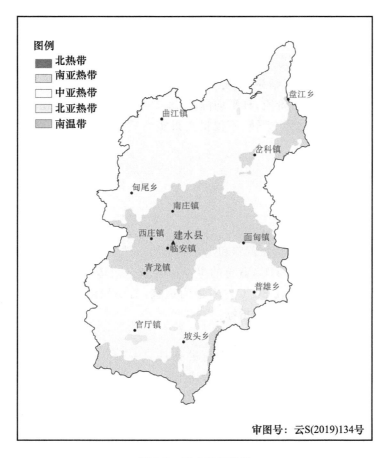

审图号:云S(2019)134号

图 5-3　建水县气候带

5.3　建水县蓝莓生产概况

　　建水县为红河州蓝莓主要种植产区,主要种植南方高丛蓝莓。这类品种的特点是休眠
期对低温的要求时间不长,正好符合南方的气候条件,既不会因为低温要求不能满足而不
开花,又能够在冬季可能出现的高达 26 ℃的反常高温下保持不被打破休眠。近年来,建水
县加快"一县一业""一村一品"建设,重点培育葡萄、蓝莓、柑橘、石榴、洋葱、马铃薯等特色
果蔬产业。

5.4　建水县蓝莓种植区划指标

蓝莓耐低温、喜湿、喜光。建水县的蓝莓在冬季最冷月进行休眠,1月开始萌芽、2月现蕾、3月开花结果、5月开始成熟。其中,萌芽期严寒天气减少,降雨天气增多,此阶段建水较为温和湿润的天气对刚萌发的新芽不会造成不利影响;一般萌芽后 20 d 左右蓝莓开始进入现蕾期;现蕾之后 25 d 左右开始进入开花期,此时日平均气温 11 ℃左右为宜,活动积温要达到 200～250 ℃·d。开花期后进入结果期,经过 2 个月左右,5月中下旬开始成熟,平均温度为 18.5 ℃左右。特别是果子成熟阶段,日平均温度 28 ℃左右最适宜。活动积温要达 1500 ℃·d 左右。温度高,有利于加速糖分运转,不仅提高果实品质和产量,而且成熟期比低温条件平均提早2～5 d。

5.4.1　种植影响因子分析

(1)蓝莓种植气候条件

① 温度

蓝莓生长期需要一定的积温,在营养和水分充足的条件下,温度每升高 10 ℃,蓝莓的生长速率增加 1 倍,气温一旦降低到 3 ℃,蓝莓的生长就会停止。其中,结果期和成熟期是要求温度最高的时期,日平均气温保持在 30 ℃左右最为适宜,活动积温要达到 1400～1500 ℃·d。故考虑年平均气温作为蓝莓种植气候指标。

② 日照

蓝莓的日照时长也是影响蓝莓生长发育的条件之一,长日照有利于蓝莓的生长,在适宜的温度下,日照时间超过 16 h,蓝莓则会持续生长,并且日照时间也是蓝莓开花的必要条件。全光照条件下,出产的蓝莓质量最好,一旦光照下降超过 50%,蓝莓的产量与质量会出现明显的下降。但同时也要注意光照时间不能过长,否则造成叶片呼吸作用强度不够,降低蓝莓果实含糖量,影响其品质。故考虑蓝莓开花到成熟期(3—5 月)日照时数作为种植气候指标。

③ 水分

与大多数果树相同,蓝莓的生长、发芽、结果等都离不开水。蓝莓果树的根系较细并且分布相对较浅,因此,当降水量过大时极其容易导致根系缺氧,长时间的洪涝会使根系腐烂,从而导致蓝莓果树死亡,同理当降水量过小,地表土壤干燥,无法为根系提供充足的水分,从而导致果树枯萎,果实干小。在 5—6 月果实成熟期,建水县恰好进入汛期,长时间的降水容易造成蓝莓果实开裂或腐烂。故考虑蓝莓果实成熟期(5—6 月)降水量作为种植气候指标。

(2)蓝莓种植与地形因子的关系

蓝莓适宜种植在没有土壤侵蚀的缓坡地或梯田山地,这样的地块昼夜温差大、不易积水,是蓝莓种植地的首选,其次是水平地块,易积水的低洼地则不予考虑。应避开会出现自然灾害的地区或地段。分析表明,蓝莓种植分布于浅山区、缓坡的山地等,坡度低于 15°。同时,蓝莓的生长也受海拔高度的限制,如果海拔过低,蓝莓的低温持续时间不能满足;但是如果海拔过高,冬季低温也会使得蓝莓发生冻害。

5.4.2　种植区划指标

充分考虑建水县当地生产实际情况,遵循既定的气候区划原则,同时针对蓝莓的整个生长期提出了蓝莓种植气候区划指标:年平均气温、3—5月的累积日照时数和5—6月的累积降水量。按照最适宜、适宜、次适宜和不适宜进行分级。蓝莓种植农业气候区划指标及分级见表5-1。

表 5-1　建水县蓝莓种植气候区划指标

气候因子	最适宜	适宜	次适宜	不适宜
年平均气温(℃)	17~19	19~20; 16~17	20~21; 15~16	<15 或≥21
3—5月累积 日照时数(h)	650~750	550~650; 750~850	450~550; 850~950	<450 或≥950
5—6月累积 降水量(mm)	200~250	150~200; 250~300	100~150; 300~350	<100 或≥350

根据蓝莓生长发育特点,充分考虑地形影响,提出了蓝莓种植地形因子区划指标。因海拔与气温的相关性较大,为排除指标的同一性,仅选取坡度作为建水县蓝莓种植地形适宜性指标,并按照最适宜、适宜、次适宜和不适宜进行分级。蓝莓种植地形区划指标及分级见表5-2。

表 5-2　建水县蓝莓种植地形区划指标

地形因子	最适宜	适宜	次适宜	不适宜
坡度(°)	0~5	5~10	10~15	≥15

依据不同土地利用类型的自然因子、城市规划等条件,分析土地利用不同类型对建水县蓝莓种植所造成的不同影响,将建水县土地利用按照下表进行分级(表5-3)。

表 5-3　建水县蓝莓种植土地利用区划指标

土地利用类型	分级	土地利用类型	分级
城镇用地	非农用地	其他建设用地	非农用地
低覆盖度草地	适宜	其他林地	不适宜
高覆盖度草地	最适宜	丘陵旱地	适宜
灌木林	次适宜	丘陵水田	最适宜
河渠	非农用地	山地旱地	适宜
湖泊	非农用地	山地水田	最适宜
裸岩石砾地	不适宜	疏林地	次适宜

续表

土地利用类型	分级	土地利用类型	分级
农村居民点	非农用地	水库坑塘	非农用地
坡旱地	适宜	有林地	不适宜
中覆盖度草地	适宜		

5.4.3 综合种植区划指标

由于不同气象要素因子对蓝莓生长的重要性是不同的,利用气候和地形共 5 个因子,将"最适宜""适宜""次适宜""不适宜"4 类,分别设置为 1、2、3、4,土地利用增加"非农用地"赋值为 0(该区域不参与综合适宜性区划计算)。根据农业、气象专家对各指标的影响重要性进行打分,取均值作为权重系数,再按照下式进行图层叠加运算得到综合的气候适宜性指标。

蓝莓适宜性种植综合区划指数＝年平均气温×0.2＋3—5 月累积日照时数×0.4＋5—6 月累积降水量×0.2＋坡度×0.1＋土地利用×0.1。

所计算的蓝莓适宜性种植综合区划指数值域分布在 0 及 1.0～4.0,结合建水县蓝莓种植分布情况,按照表 5-4 进行适宜性等级划分。

表 5-4 建水县蓝莓种植综合区划分级

等级	值域
最适宜	1.0～1.6
适宜	1.6～2.1
次适宜	2.1～2.5
不适宜	≥2.5
非农用地	0.0

5.5 建水县蓝莓种植区划结果

5.5.1 年平均气温

建水县蓝莓种植年平均气温指标适宜性存在最适宜、适宜、次适宜以及不适宜 4 个区域(图 5-4):最适宜区域的年平均气温为 17～19 ℃,分布范围较广,除南部边缘地区外,在全县各乡镇均有分布;适宜区域的年平均气温为 16～17 ℃或 19～20 ℃,主要分布在曲江东部、盘江西部、普雄北部、青龙西南部等地;次适宜区域的年平均气温为 15～16 ℃或 20～21 ℃,主要分布在适宜区的周围;不适宜区域的年平均气温为<15 ℃或≥21 ℃,主要分布在官厅、坡头等乡镇的南部。

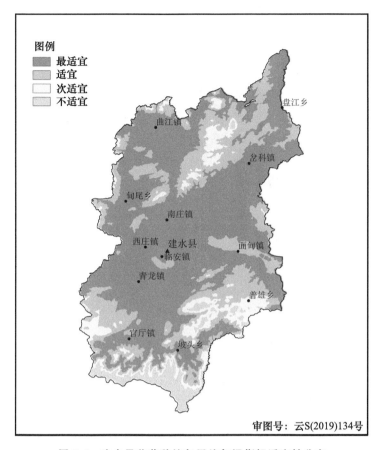

审图号：云S(2019)134号

图 5-4 建水县蓝莓种植年平均气温指标适宜性分布

5.5.2 3—5 月累积日照时数

建水县蓝莓种植 3—5 月累积日照时数指标适宜性存在最适宜、适宜、次适宜以及不适宜 4 个区域(图 5-5)：最适宜区域的 3—5 月累积日照时数为 650～750 h，分布在中北部的大部乡镇，包括曲江、岔科、甸尾、南庄、西庄、面甸等地；适宜区域的 3—5 月累积日照时数为 550～650 h，主要分布在普雄西南部、官厅北部、坡头北部等地；次适宜区域的 3—5 月累积日照时数为 450～550 h，主要分布在官厅和坡头的南部；不适宜区域的 3—5 月累积日照时数为 <450 h，仅在南部边缘地区零星分布。

5.5.3 5—6 月累积降水量

建水县蓝莓种植 5—6 月累积降水量指标适宜性存在最适宜、适宜、次适宜以及不适宜 4 个区域(图 5-6)：最适宜区域的 5—6 月累积降水为 200～250 mm，在曲江南部、岔科、甸尾、南庄、西庄、临安、青龙、面甸等地集中分布；适宜区域的 5—6 月累积降水为 250～300 mm，在官厅北部、坡头北部，普雄大部集中分布，在盘江、曲江北部分散分布；次适宜区的 5—6 月累积降水为 300～350 mm，仅在南部边缘地区零星分布；不适宜区的 5—6 月累积降水在 350 mm 以上，在南部边缘地区少量分布。

图 5-5　建水县蓝莓种植 3—5 月累积日照时数指标适宜性分布

图 5-6　建水县蓝莓种植 5—6 月降水量指标适宜性分布

5.5.4　坡度

根据蓝莓种植地形因子适宜性指标,建水县蓝莓种植坡度指标适宜性存在最适宜、适宜、次适宜以及不适宜 4 个区域(图 5-7):最适宜区域的坡度为 0°～5°,主要分布在临安、南庄、曲江西部、面甸、岔科等地;适宜区域的坡度为 5°～10°,零星分布于最适宜区周围;次适宜区域的坡度为 10°～15°,零星分布于适宜区周围;不适宜区域的坡度为≥15°,集中分布在官厅、坡头两个乡镇,在岔科、盘江等地也有少量分布。

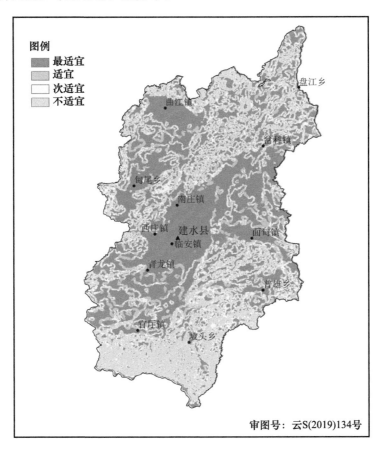

图 5-7　建水县蓝莓种植坡度指标适宜性分布

5.5.5　综合种植区划

根据蓝莓种植适宜性区划指标,充分考虑气候条件、地形因子及土地利用类型等多项因子(参照 5.4.3 节),可将建水县蓝莓种植区域划分为最适宜区、适宜区、次适宜区以及不适宜区 4 个区域(图 5-8)。

最适宜种植区域集中分布在曲江、岔科、面甸、甸尾、西庄、南庄、青龙、临安等地,这些地区年平均气温 17～19 ℃,生育期日照充足达 800～1000 h,蓝莓成熟期降水适宜,坡度小于 5°,各项指标均能满足蓝莓种植的需要,非常适合发展蓝莓产业。

适宜种植区域围绕最适宜种植区域分布,集中分布曲江东部、盘江、官厅北部、临安南部、普雄等地,各项气候、地形指标也相对较好。

次适宜种植区域集中分布在官厅中部、坡头北部、普雄西南部,这些地区主要是土地利用类型和坡度不太满足蓝莓种植的需要。

不适宜种植区域集中分布在南部的官厅、坡头两个乡镇,这些地区坡度过大,集中了大片不适宜种植蓝莓的土地利用类型,且年平均气温过高,在蓝莓的主要生长期日照过少或在蓝莓成熟期降水过多,气候条件也不能满足蓝莓种植的需要。

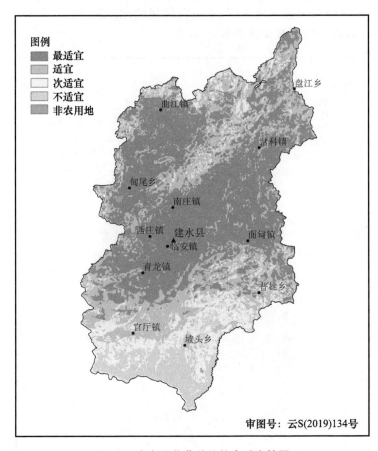

图 5-8　建水县蓝莓种植综合适宜性图

第6章 红河县早熟芒果种植气候区划

6.1 红河县情

红河县是红河哈尼族彝族自治州辖县。位于云南省南部(图 6-1),红河南岸,东经 101°49′—102°37′,北纬 23°05′—23°27′。东与建水县隔红河相望,与元阳县接壤,南与绿春县接壤,北与石屏县隔红河相望,西邻墨江县,西北与元江县相连。东西最大横距 81 km,南北最大纵距 55.5 km,总面积 2026.36 km²。2021 年总人口 35.84 万人,有哈尼族、彝族、汉族、傣族等民族。全县辖 5 个镇、8 个乡:迤萨镇、甲寅镇、宝华镇、乐育镇、浪堤镇、洛恩乡、石头寨乡、阿扎河乡、大羊街乡、车古乡、架车乡、垤玛乡、三村乡。县政府驻迤萨镇。

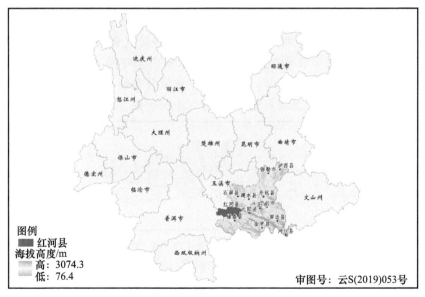

图 6-1 红河县地理位置

境内峰峦起伏,沟壑纵横,红河绕县境北缘奔流而过。境内地势大致中部高,南北低(图 6-2),96%的面积为山地,一般海拔在 1000～2000 m,最高的山是东南部的么索鲁玛大山,主峰海拔 2745.8 m,最低点为东北边缘的曼车渡口,海拔 259.0 m。主要河流有勐龙河、大黑公河、羊街河、坝兰河、尼洛河、本那河等,均属红河水系。

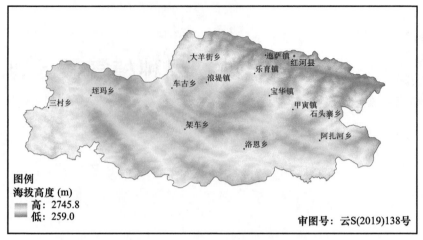

图 6-2   红河县海拔高度空间分布

2020 年红河县耕地 32052.73 hm²(480791.0 亩)。其中,水田 14804.52 hm²(222067.8 亩),占 46.19%;水浇地 187.19 hm²(2807.9 亩),占 0.58%;旱地 17061.02 hm²(255915.3 亩),占 53.23%。耕地主要分布在迤萨镇、架车乡、阿扎河乡、洛恩乡 4 个乡(镇),占全县耕地面积的 41.20%。

6.2   红河县气候概况

红河县地处低纬高原,属亚热带季风气候区。红河境内山岭连绵,山高谷深,立体气候特征明显(图 6-3),并具有干湿季分明,雨热同季,四季如春等气候特点,县内四季不甚分明,但干、雨季节区分较为显著,每年 5—10 月为雨季,降水量占全年降水量的 80% 以上,其中连续降雨强度大的时段主要集中于 6—8 月,且具有时空地域分布极不均匀的特点。干旱、暴雨、大风、雷击、冰雹、低温等气象灾害及泥石流、滑坡等气象次生灾害时有发生。

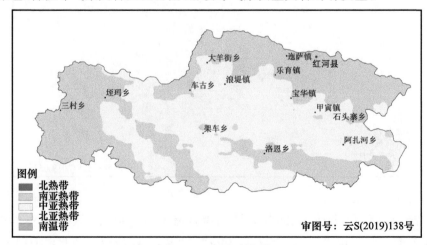

图 6-3   红河县气候带

红河县城所在地迤萨镇年平均气温 20.9 ℃，年平均最高气温 26.6 ℃，年平均最低气温 17.4 ℃，极端最高气温 39.2 ℃，出现在 1979 年 5 月 14 日，极端最低气温－0.6 ℃，出现在 1983 年 12 月 28 日；年平均降水量 828.9 mm，日最大降水量 96.1 mm，出现在 1961 年 6 月 12 日；年平均相对湿度 74.0%；年平均日照时数 2034.7 h；年平均风速 3.0 m/s，常年最多风向为 E（东）。

6.3　红河县早熟芒果生产概况

芒果别称檬果、闷果、密望等，属漆树科芒果属，喜高温干燥，适应性广，速生易长，结果早，寿命长，易栽培管理。原产于印度、马来西亚等热带地区，是一种热带常绿果树，集"水果、医药、保健"作用为一体，具有很高的经济价值，有"热带果王"的美誉。云南省是全国芒果的老产区和主产地之一。云南芒果宜植区集中分布在金沙江、怒江、澜沧江、红河等河谷热区。云南省芒果收获面积居全国第 3 位（1.78 万 hm²），产量居全国第 5 位（12.78 万吨）。主栽品种为三年芒（早熟），其他品种有吕宋芒（中熟）、马切苏（晚熟）、秋芒（晚熟）等。芒果种植业是干热河谷区继甘蔗、咖啡、香料、烟草等经济作物产业之后的又一大产业。

红河县是云南种植芒果的主产区，红河县芒果分为本地野生芒果与外引芒果两个类型，共有 30 多个品种，主要种植在迤萨镇、乐育镇等干热河谷地带，这里种植生态环境良好、日晒充足，造就了红河芒果果实外形美观、果肉细嫩、汤汁香甜的独特风味。经检验，红河芒果质量标准符合国家绿色食品质量安全相关规定，未检测出重金属含量、农残物等，符合绿色食品 A 级标准，2020 年被授予"绿色食品 A 级产品"和"有机产品"。

2020 年，全县干热河谷面积 54.2 万亩，芒果种植面积达 11.5 万亩，可采摘面积 6.5 万亩，产值 3.5 亿元。热区内共 18 家芒果种植龙头企业，其中，面积在 1000 亩以上的共 8 户，100 亩以上的 48 户，近 4.5 万亩。此外，红河县库博农业开发有限公司、志荣农业开发有限公司 2 家企业均已成功认证绿色有机水果产地，库博今年还被授予"绿色食品牌"省级产业基地。

6.4　红河县早熟芒果种植区划指标

6.4.1　种植影响因子分析

（1）早熟芒果种植气候条件

芒果是热带常绿果树，喜高温，不耐寒。红河芒果从开花稳实到果实青熟，早熟品种需 85～110 d，本地特色芒果于 5 月中旬成熟上市，比广西早上市近 1 个月，且上市期长达半年。红河早熟芒果 12 月—次年 1 月为开花期，此时要求少雨、日照足，且日均气温≥15 ℃；2—4 月为坐果期—幼果期，不仅要日照足、少雨，且日均气温高于 20 ℃；5—7 月是早熟芒果的关键生长期，为果实膨大期—采收期。9—11 月为秋梢期—花芽分化期，最适生长温度 24～29 ℃，适当低温有利于花芽分化，高温则利于两性分化，但低于 15 ℃ 则停止生长。

① 温度

早熟芒果通常要求年平均温度在 22 ℃以上,最冷月(1 月)平均温度不低于 15 ℃,终年无霜。当气温低于 3 ℃时幼苗受害;低于 0 ℃时会严重受害;低于−2 ℃时,花序、花叶以至结果母枝 2~3 cm 直径的侧枝会冻死;至−5 ℃以下时幼龄结果树的主干也会冻死。一般枝梢在 24~29 ℃生长较为适宜,低于 15 ℃则停止生长。故热量条件主要选择年≥10 ℃的积温、最冷月(1 月)均温作为早熟芒果种植气候区划指标。

② 日照

芒果喜光,充足的光照能促进花芽分化,开花坐果,提高果实质量,改善外观。通常,树冠阳面和空旷环境下的单株开花多,坐果率高。特别是 2—4 月为坐果期—幼果期,要求日照足、少雨、日均气温高于 20 ℃。

③ 水分

湿度和降雨是决定产量高低、产量是否稳定的关键因子。在生长过程中,充足的水分能促进营养生长,反之,干旱会抑制营养生长,妨碍有机营养的产生和积累,间接地影响花芽分化。在温度适宜的条件下,开花授粉时对湿度特别敏感,空气相对湿度 50%~70%时有利花粉萌发,湿度过小,会使花粉柱很快干枯,造成授粉不利;湿度过高,花果上大露珠会导致严重的落花落果,而且极易诱发炭疽病,造成枯花和落花。果实生长发育期需要较充足的水分。但果实发育后期,水分过多或骤然降雨则会导致裂果、果实风味变淡,从而降低果实品质和储藏能力。故考虑 1—4 月平均相对湿度作为气候区划指标。

(2)早熟芒果种植土壤条件和海拔高度条件

芒果对土壤要求不高,沙质土、壤土、砖红壤或冲积土都可以种植。而瘦薄及碱性土、太肥沃的土壤不易种植。土壤过于肥沃,易引起植株营养生长过旺而不利于结实;土壤 pH 以 5.5~7.5 为宜,碱性过高,会引起缺锌、缺铁现象;排水性好、渗透性好和供水力强、地下水位在 2~3 m 以下的土壤最适宜种植。在海拔 1200 m 的地方,芒果树也可以生长,但一般情况下,芒果园应该建在海拔 800 m 以下的地方。此外,常有大风吹袭的地段,冷空气沉积易发生冻害的低洼地段,以及坡度>25°的山坡地不宜种植。

6.4.2 种植区划指标

根据早熟芒果生长发育特点和中国芒果种植区气候特征,充分考虑当地生产实际情况,遵循既定的气候区划原则,提出了早熟芒果种植气候区划指标。通过征询有关专家的意见,对专家意见进行统计、处理、分析和归纳,客观地综合多数专家经验与主观判断对大量难以采用技术方法进行定量分析的因子做出合理估算,最终确定年≥10 ℃积温、1 月平均气温、2—4 月累积日照时数、1—4 月平均相对湿度 4 个指标(表 6-1)作为红河县早熟芒果种植气候适宜性区划指标,并按照最适宜、适宜、次适宜和不适宜进行分级。

表 6-1 红河县早熟芒果种植气候区划指标

气候因子	最适宜	适宜	次适宜	不适宜
年≥10 ℃积温(℃·d)	≥7000	6500~7000	6000~6500	<6000
最冷月(1 月)平均气温(℃)	≥15	13~15	11~13	<11
2—4 月累积日照时数(h)	≥600	550~600	500~550	<500
1—4 月平均相对湿度(%)	55~65	65~70	70~75	<55 或≥75

根据芒果生长发育,充分考虑地形影响,提出了芒果种植地形因子区划指标。选取坡度(表 6-2)作为红河县早熟芒果种植地形适宜性指标,并按照最适宜、适宜、次适宜和不适宜进行分级。

表 6-2　红河县早熟芒果种植地形区划指标

地形因子	最适宜	适宜	次适宜	不适宜
坡度(°)	0～10	10～15	15～25	≥25

适宜芒果栽培的土地类型主要有山地、农田和灌草地,不可种植区土地类型包括林地、荒漠山头、水域、峡谷、公路及城镇建设用地等。依据土地利用不同类型对红河县芒果种植所造成影响存在差异,将红河县土地利用按照表 6-3 进行分级。

表 6-3　红河县早熟芒果种植土地利用区划指标

土地利用类型	分级	土地利用类型	分级
河渠	非农用地	农村居民点	非农用地
湖泊	非农用地	其他建设用地	非农用地
裸土地	非农用地	疏林地	次适宜
裸岩石砾地	非农用地	中覆盖度草地	适宜
水库坑塘	非农用地	低覆盖度草地	适宜
永久性冰川雪地	非农用地	平原旱地	最适宜
其他林地	次适宜	平原水田	适宜
滩地	非农用地	坡旱地	次适宜
有林地	不适宜	丘陵旱地	最适宜
城镇用地	非农用地	丘陵水田	适宜
高覆盖度草地	次适宜	山地旱地	适宜
灌木林	次适宜	山地水田	适宜

6.4.3　综合种植区划指标

利用气候和地形共 6 个因子,将"最适宜""适宜""次适宜""不适宜"4 类,分别设置为 1、2、3、4,土地利用增加"非农用地"赋值为 0(非农用地不参与综合区划指数计算)。在区划过程中,由于不同气象要素因子(热量、水分、光照、灾害等)和土壤等对早熟芒果生长的重要性是不同的。使用权重法,主要是请有经验的专家对各因子的相对重要性给出定量的指标,按照下式进行图层叠加运算得到综合适宜性区划。

早熟芒果适宜性种植综合区划指数＝年≥10 ℃积温×0.2＋最冷月(1 月)平均气温×0.2＋2—4 月累积日照时数×0.2＋1—4 月平均相对湿度×0.2＋坡度×0.1＋土地利用×0.1。

所计算的早熟芒果适宜性种植综合区划指数值域分布在 1.1～3.8,结合红河县早熟芒果种植分布情况,按照表 6-4 进行适宜性等级划分。

表 6-4　红河县早熟芒果种植综合区划分级

等级	值域
最适宜	1.1~1.9
适宜	1.9~2.5
次适宜	2.5~2.6
不适宜	≥2.6
非农用地	0.0

6.5　红河县早熟芒果种植区划结果

6.5.1　年≥10 ℃积温

红河县早熟芒果种植年≥10 ℃积温指标适宜性存在最适宜区、适宜区、次适宜区以及不适宜区 4 个区域(图 6-4):最适宜区域的年≥10 ℃积温为≥7000 ℃·d,主要分布在红河县的东北部和西部,即在红河河谷低海拔地区、三村中部分布;适宜区域的年≥10 ℃积温为 6500~7000 ℃·d,在红河县迤萨和三村的大部地区,阿扎河南部有少量分布;次适宜区域的年≥10 ℃积温为 6000~6500 ℃·d,主要分布在大羊街、乐育、宝华、甲寅的北部,垤玛乡大部,架车中部、洛恩和阿扎河中部;不适宜区域的年≥10 ℃积温<6000 ℃·d,分布范围较大,主要分布在红河县中部高海拔地区,主要是车古、浪堤、乐育、宝华、甲寅、架车的大部分区域和阿扎河北部、洛恩南部。

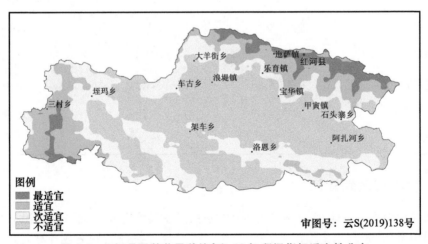

图 6-4　红河县早熟芒果种植年≥10 ℃积温指标适宜性分布

6.5.2　最冷月(1 月)平均气温

红河县最冷月(1 月)平均气温受海拔高度的影响整体上呈现出四周高中间低的分布特征(图略):中部地区海拔高度较高,1 月平均气温一般在 10 ℃以下,局部在 7 ℃以下,最低值出现在乐育、宝华、甲寅等高海拔地区;北部红河河谷、西部三村镇和南部边缘地区地势较低,1 月平均气温较高,在 13 ℃以上。

红河县早熟芒果种植最冷月(1月)平均气温指标适宜性存在最适宜区、适宜区、次适宜区以及不适宜区 4 个区域(图 6-5):受海拔高度影响,红河县 1 月平均气温较高,最适宜区域的最冷月平均气温为≥15 ℃,分布在红河河谷,三村中部,阿扎河南部边缘;适宜区域的最冷月平均气温为 13～15 ℃,分布在迤萨、三村的大部,及垤玛、洛恩中部、阿扎河、架车中部等地;次适宜区域的最冷月平均气温为 11～13 ℃,范围比较小,主要分布在适宜种植区域的边缘地区;不适宜区域的最冷月平均气温为<11 ℃,分布在红河县高海拔地区大羊街南部、浪堤中南部、乐育中南部、宝华中南部、甲寅中南部、石头寨西南部、阿扎河、架车北部、垤玛东部等地。

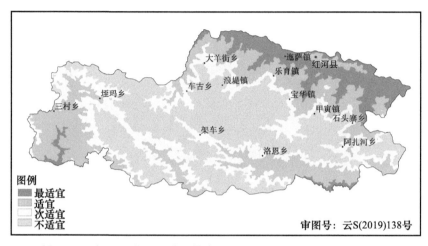

图 6-5　红河县早熟芒果种植最冷月(1月)平均气温指标适宜性分布

6.5.3　2—4 月累积日照时数

红河县早熟芒果种植 2—4 月累积日照时数指标适宜性存在最适宜区、适宜区、次适宜区以及不适宜区 4 个区域(图 6-6):最适宜区域的 2—4 月累积日照时数≥600 h,主要分布在红河县的中部和南部的各个乡镇;适宜区域的 2—4 月累积日照时数为 550～600 h,分布在红河县的中部大部分地区;次适宜区域的 2—4 月累积日照时数为 500～550 h,分布在红河县的东北部地区,包括迤萨东南部、甲寅、石头寨等地;不适宜区域的 2—4 月累积日照时数为<500 h,零星分布在红河县的东北部地区。

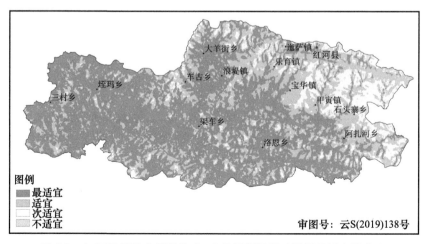

图 6-6　红河县早熟芒果种植 2—4 月累积日照时数指标适宜性分布

51

6.5.4　1—4月平均相对湿度

红河县早熟芒果种植1—4月平均相对湿度指标适宜性存在最适宜区、适宜区、次适宜区以及不适宜区4个区域(图6-7);最适宜区域的1—4月平均相对湿度为55%～65%,主要分布在红河河谷附近、三村乡周边;适宜区域的1—4月平均相对湿度为66%～70%,分布在红河县的中部大部分地区;次适宜区域的1—4月平均相对湿度为71%～75%,分布在红河县东南部地区;不适宜区域的1—4月平均相对湿度<55%或≥75%,零星分布在红河县的东南角。

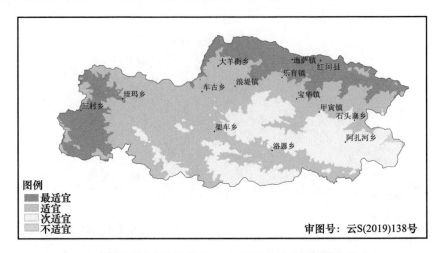

图6-7　红河县早熟芒果种植1—4月相对湿度指标适宜性分布

6.5.5　坡度

红河县早熟芒果种植坡度指标适宜性存在最适宜区、适宜区、次适宜区以及不适宜区4个区域(图6-8):最适宜区域的坡度为0°～10°,主要分布在大羊街、浪堤、垤玛、车古等地;适宜区域的坡度为10°～15°,分布在红河县的大羊街、浪堤、垤玛、架车等地;次适宜区域的坡度为15°～25°,分布在红河县的大部分地区;不适宜区域的坡度为≥25°,分布得比较破碎,主要在红河县的架车、洛恩、阿扎河、石头寨、甲寅等地。

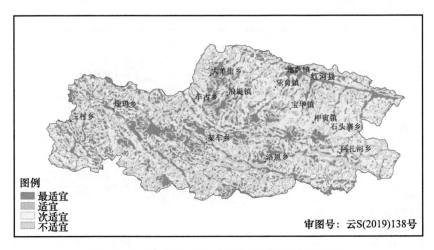

图6-8　红河县早熟芒果种植坡度指标适宜性分布

6.5.6　综合种植区划

根据早熟芒果种植适宜性区划指标,并使用权重法充分考虑气候条件、地形因子及土地利用类型等多项因子(参照 6.4.3),可将红河县早熟芒果种植区域划分为最适宜区、适宜区、次适宜区以及不适宜区 4 个区域(图 6-9)。

最适宜和适宜种植的地区多分布在低海拔地区,即东北部河谷地区、西部及东南部地区,其中最适宜区分布在迤萨镇、三村中部、阿扎河南部等地,这些区域年≥10 ℃积温≥6500 ℃·d、最冷月(1月)平均气温≥13 ℃、2—4 月累积日照时数 500～650 h、1—4 月平均相对湿度 55％～65％。

次适宜区分布在适宜种植区域边缘地区,主要是在大羊街北部、乐育北部、宝华北部、甲寅北部、阿扎河南部、洛恩中部、架车中部、垤玛西部等地,这些区域年≥10 ℃积温≥6000 ℃·d、最冷月(1月)平均气温 12～13 ℃、2—4 月累积日照时数 520～620 h、1—4 月平均相对湿度65％～70％。

不适宜区种植区域较广,主要分布在中部高海拔地区,由于受海拔高度的影响,其≥10 ℃积温＜6000 ℃·d、最冷月(1月)平均气温＜12 ℃、1—4 月平均相对湿度≥75％等条件不适宜种植,主要是在大羊街、浪堤、乐育、宝华、甲寅、石头寨、阿扎河、洛恩、架车、车古、垤玛等地的大部分区域。

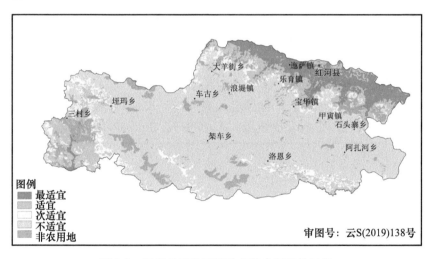

图 6-9　红河县早熟芒果种植综合适宜性区划

第7章 元阳县甘蔗种植气候区划

7.1 元阳县情

元阳县地处云南南部,哀牢山脉南段,红河南岸,东经 102°27′—103°13′,北纬 22°49′—23°19′(图 7-1)。东接金平县,南邻绿春县,西与红河县毗邻,北与建水县、个旧市隔红河相望。东西最大横距 74 km,南北最大纵距 55 km,全县面积为 2212.32 km²。元阳县辖 3 镇 11 乡,134 个村民委员会,5 个社区居民委员会,1245 个村民小组。2021 年总人口 459610 人,其中乡村人口 437503 人,城镇人口 22107 人。世居哈尼族、彝族、汉族、傣族、苗族、瑶族、壮族 7 种民族。其中汉族 46622 人,占 10.1%;少数民族 412988 人,占 89.9%。

图 7-1 元阳县地理位置

元阳县地处低纬度高海拔地区,境内层峦叠嶂,沟壑纵横,山地连绵,无一平川。地势由西北向东南倾斜,红河、藤条江两干流自西向东逶迤而下,地貌呈中部突起,两侧低下,地形呈

"V"形发育(图 7-2)。最高点位于嘎娘乡境内东观音山主峰白岩子山顶,海拔 2939.6 m;最低点位于逢春岭乡境内红河出境处,海拔 144.0 m;县城南沙海拔 232.0 m。

图 7-2　元阳县海拔高度空间分布

　　2021 年元阳县耕地面积 371125.00 亩,其中水田 168563.00 亩、旱地 196124.00 亩。农民人均耕地面积 0.81 亩。全年完成农作物总播种面积 730302 亩,其中粮食总播种面积 52.69 万亩(种植梯田红米 9.55 万亩)、经济作物播种面积 202843 亩,粮食总产达 16.55 万吨。全年实现农林牧渔业总产值 341195 万元,比上年增长 7.4%。其中,农业产值 180937 万元,林业产值 20287 万元,畜牧业产值 123638 万元,渔业产值 7848 万元,农林牧渔服务业产值 8485 万元。元阳县立体气候差异明显,有利于农业的多种经营和多层次立体开发。主要农产品有粮食作物稻谷、玉米、小麦、豆类等,主要经济作物有甘蔗、香蕉、木薯、茶叶、草果等。

7.2　元阳县气候概况

　　元阳县属亚热带山地季风气候类型(图 7-3)。由于地形地貌复杂多样,海拔悬殊,高、中、低山和河谷垂直差异突出,立体气候显著,具有"一山分四季,隔里不同天"的气候特点。

　　元阳县城所在地南沙镇年平均气温 24.5 ℃,年平均最高气温 30.6 ℃,年平均最低气温 20.4 ℃,极端最高气温 44.5 ℃,出现在 2014 年 5 月 18 日,极端最低气温 3.7 ℃,出现在 1999 年 12 月 27 日;年平均降水量 848.9 mm,日最大降水量 94.6 mm,出现在 1999 年 6 月 18 日;年平均相对湿度 71.0%;年平均日照时数 1831.2 h;年平均风速 1.5 m/s,常年最多风向为 SE (东南)。元阳县境内降水分布不均,河谷地区年降水量不足 1200 mm,而南部高海拔地区降水量达 1700～1800 mm,大坪南部达 2000 mm 以上。

　　元阳县为气象灾害多发地区,主要的气象灾害有:高温、干旱、暴雨、洪涝、冰雹、大风、低温等,以及诱发的崩塌、山洪、滑坡、泥石流、水土流失、森林火灾等次生灾害。据不完全统计,在2009年至2021年,元阳县先后发生两次历史罕见的低温灾害,连续4年的干旱灾害,多次暴雨灾害,多次局部的强降雨、大风、冰雹、雷暴等气象灾害。

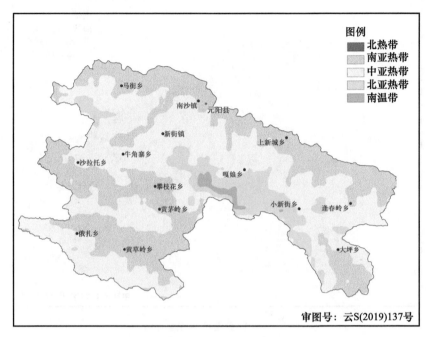

图7-3 元阳县气候带

7.3 元阳县甘蔗生产概况

元阳县的甘蔗种植主要在南沙、马街、新街、嘎娘、上新城、小新街、逢春岭、牛角寨等乡镇。2021年全县水果种植面积达15.66万亩,甘蔗面积达2.04万亩。2020/2021年榨季入榨甘蔗14.5万吨。

7.4 元阳县甘蔗种植区划指标

7.4.1 种植影响因子分析

(1)甘蔗种植气候条件

甘蔗,甘蔗属,多年生热带、亚热带实心草本植物,性喜温、喜光。在整个生长期要求年平均气温18~30 ℃,≥10 ℃积温5500~8500 ℃·d,无霜期330 d以上,年平均相对湿度60%以上,年降水量1000 mm以上,日照时数在1195 h以上。甘蔗在生长发育的过程中适宜的温度是:除了生长成熟期需要昼夜温差大,最低气温在20 ℃以下和冷凉气候外,其余各生长期的适宜温度在25~32 ℃。在这个温度范围内,甘蔗生长快,各生长期所需时间短,成熟早,糖分高。温度低于 20 ℃,生长缓慢,10 ℃以下停止生长或生长极慢。

(2)甘蔗种植地形条件

大量研究表明,海拔、坡度、地形等对甘蔗生长有较大的影响。海拔高则温度低,积温减少,易引起甘蔗的产量和品质降低。坡度越缓越有利于管理,更适宜甘蔗种植,甘蔗种植分布于坡度小于 40°的区域,超过 40°不适宜种植。

7.4.2 种植区划指标

元阳县绝大部分地区年相对湿度在 74% 以上,降水量 1000 mm 以上,日照时数 1500 h 以上,这些气候条件均可很好地满足甘蔗种植的需要,故在考虑区划指标时,不再考虑这几个气候要素。年平均气温及积温均反映热量条件,故仅选择年平均气温作为气候区划指标,此外,低温冷害会导致甘蔗出苗率低,故选择年极端最低气温平均值作为气候区划指标,按最适宜、适宜、次适宜、不适宜进行分级。元阳县甘蔗种植气候适宜性区划指标及分级见表 7-1。

表 7-1 元阳县甘蔗种植气候适宜性区划指标

气候因子	最适宜	适宜	次适宜	不适宜
年平均气温(℃)	≥21	19～21	18～19	<18
年极端最低气温平均值(℃)	≥5	2.5～5	1～2.5	<1

根据甘蔗生长发育,充分考虑地形影响,提出了甘蔗种植地形因子区划指标。因海拔与气温的相关性较大,为排除指标的同一性,仅选取坡度作为元阳县甘蔗种植地形适宜性指标,并按照最适宜、适宜、次适宜和不适宜进行分级。甘蔗种植地形区划指标及分级见表 7-2。

表 7-2 元阳县甘蔗种植地形区划指标

地形因子	最适宜	适宜	次适宜	不适宜
坡度(°)	0～15	15～30	30～40	≥40

依据土地利用不同类型对元阳县甘蔗种植所造成的影响存在差异,将元阳县土地利用按照表 7-3 进行分级。

表 7-3 元阳县甘蔗种植土地利用区划指标

土地利用类型	分级	土地利用类型	分级
河渠	非农用地	农村居民点	非农用地
裸岩石砾地	非农用地	疏林地	次适宜
城镇用地	非农用地	中覆盖度草地	最适宜
山地旱地	非农用地	低覆盖度草地	最适宜
高覆盖度草地	适宜	其他林地	适宜
灌木林	次适宜	有林地	适宜
坡旱地	次适宜	山地水田	适宜

7.4.3 综合种植区划指标

在区划过程中,由于不同气象要素因子(热量、水分、光照、灾害等)和土壤等对甘蔗生长的重要性是不同的。利用气候和地形共 4 个因子,将"最适宜""适宜""次适宜""不适宜" 4 类,分别设置为 1、2、3、4,土地利用增加"非农用地"赋值为 0(该区域不参与综合适宜性区划计算)。使用权重法,按照下式进行图层叠加运算得到综合适宜性区划。

甘蔗适宜性种植综合区划指数=年平均气温×0.3+年极端最低气温平均值×0.4+坡度×0.2+土地利用×0.1。

所计算的综合适宜性区划指数值域分布在 0 以及 1.0～4.0,结合元阳县甘蔗种植分布情况,按照表 7-4 进行适宜性等级划分。

表 7-4 元阳县甘蔗种植综合区划分级

等级	值域
最适宜	1.0～1.9
适宜	1.9～2.7
次适宜	2.7～3.3
不适宜	≥3.3
非农用地	0.0

7.5 元阳县甘蔗种植区划结果

7.5.1 年平均气温

元阳县甘蔗种植年平均气温指标适宜性分为最适宜区、适宜区、次适宜区、不适宜区 4 个区域(图 7-4):不适宜区与适宜区界限比较分明,不适宜区域(年平均气温<18 ℃),均为海拔较高的地区,主要分布在新街至大坪一带的中南部地区,在元阳县西南部边境沿线及沙拉托、牛角寨、马街也有部分分布;最适宜区(年平均气温≥21 ℃),分布较广,面积较大,主要集中在三个地带:北部红河河谷沿岸一带、沙拉托至黄茅岭一带、俄扎至黄草岭一带,还有大坪的一小部分地区,这些地区基本上是元阳县海拔最低的区域,其中南沙镇面积最大,几乎全镇均为最适宜区;适宜区(年平均气温 19～21 ℃),基本沿最适宜区边缘向外扩展,延伸面积亦较大。次适宜区(年平均气温 18～19 ℃)面积最小,沿适宜区边缘向外扩展一小部分。

7.5.2 年极端最低气温

元阳县甘蔗种植年极端最低气温平均值指标适宜性分为最适宜区、适宜区、次适宜区、不适宜区 4 个区域(图 7-5):最适宜区主要分布在三个地带:北部红河河谷沿岸一带、沙拉托至黄茅岭一带、俄扎至黄草岭一带,在大坪也有小部分分布;适宜区分布面积在可种植区内面积最大,主要沿最适宜区边缘向外扩展,且扩展面积较多;次适宜区分布最少,只在适宜区的边缘外围有少量扩展分布;不适宜区主要分布在新街、嘎娘、上新城、小新街、大坪一带的中南部地区,攀枝花、黄茅岭的北部地区,还有马街和牛角寨的部分区域,西南边境沿线也有部分分布,这些地区均为海拔较高的地区。

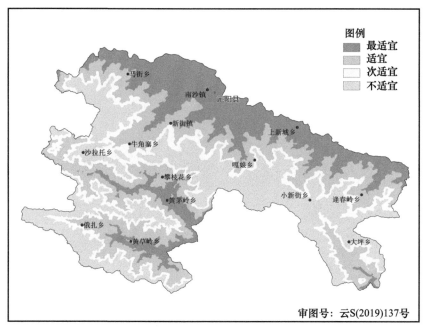

审图号：云S(2019)137号

图 7-4　元阳县甘蔗种植年平均气温指标适宜性分布

7.5.3　坡度

　　元阳县甘蔗种植坡度指标适宜性存在最适宜区、适宜区、次适宜区以及不适宜区 4 个区域（图 7-6）：由于元阳县地形较复杂，坡度分布也不均匀，所以适宜性区域的分布也比较破碎。不适宜区分布非常少，主要在黄茅岭、俄扎和大坪等乡镇有少量分布；元阳北部最适宜和适宜区分布较多，南部次适宜区分布较多，适宜区的面积最大。总体来说，可种植甘蔗的区域占据了元阳的绝大部分。

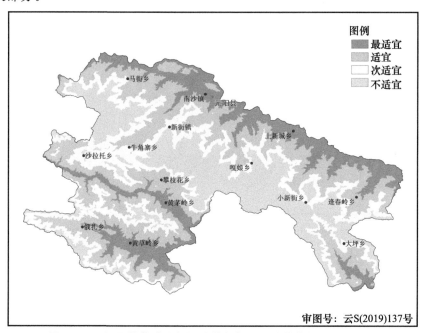

审图号：云S(2019)137号

图 7-5　元阳县甘蔗种植年极端最低气温平均值指标适宜性分布

59

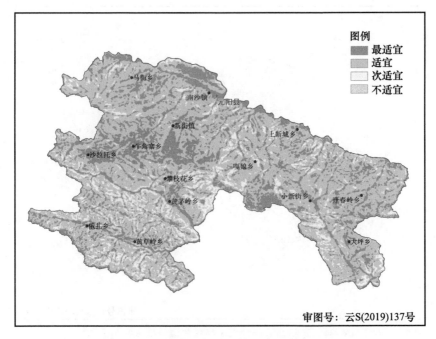

审图号：云S(2019)137号

图 7-6 元阳县甘蔗种植坡度指标适宜性分布

7.5.4 综合种植区划

根据甘蔗种植适宜性区划指标，并使用权重法充分考虑气候条件、地形因子及土地利用类型等多项因子(参照 7.4.3 节)，可将元阳县甘蔗种植区域划分为最适宜区、适宜区、次适宜区以及不适宜区 4 个区域(图 7-7)。

不适宜区主要集中分布在元阳县的中部地区，自西向东，几乎贯穿整个元阳县，囊括了马街、沙拉托、牛角寨、新街、嘎娘、上新城、小新街、逢春岭、大坪等乡镇的部分区域，在俄扎、黄茅岭等乡镇也有较大面积的分布，所有乡镇均还有比较破碎的小面积分布。这些区域大多年极端最低气温低于 0 ℃，年平均气温低于 19 ℃，不能满足甘蔗生长所需的热量条件，易受低温冷害。

最适宜区在可种植区中面积最大，主要集中分布在 3 个地带：北部红河河谷沿岸一带，分布面积最大，其中南沙镇最多，全境绝大部分为最适宜区；沙拉托至黄茅岭一带；俄扎至黄草岭一带；除此以外，大坪南部有小部分分布。这些区域热量条件较好，坡度也较小，最适宜甘蔗种植。

适宜区主要沿最适宜区边缘向外扩展，面积在可种植区域中居中。

次适宜区在适宜区的边缘地带有少量分布，在可种植区域中面积最小。

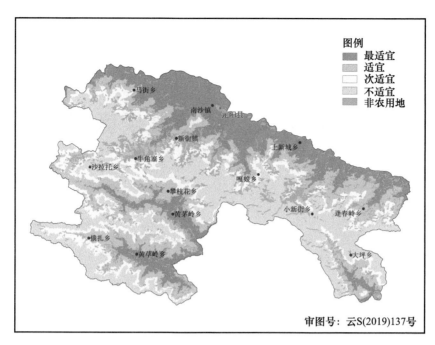

审图号：云S(2019)137号

图 7-7　元阳县甘蔗种植综合适宜性区划

第8章 绿春县茶树种植气候区划

8.1 绿春县情

绿春县位于云南省西部、红河州西南部,地处东经 101°47′—102°39′、北纬 22°33′—23°08′。东与元阳县、金平县接壤,南与越南毗邻(国境线长 153 km),西接墨江县,西南连江城县,北邻红河县。东西最大横距 37.5 km,南部最大纵距 60 km。全县辖 4 镇 5 乡,总面积 3096.86 km²,2021 年总人口 21 万人,世居哈尼族、彝族、瑶族、傣族、拉祜族、汉族 6 种民族,少数民族占 97.32%,其中哈尼族占 86.45%,农业人口 22.56 万人,占总人口的 98%。绿春县地理位置如图 8-1 所示。

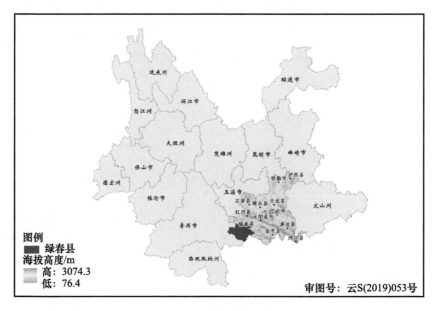

图 8-1 绿春县地理位置

　　绿春县地处哀牢山南出支脉西端,为中山峡谷地貌(图 8-2)。境内重峦叠嶂,沟壑纵横,无一平坝,地势中部高,四周低,由东北向西南逐渐倾斜,最高点为雄居县境中部的黄连山主峰,海拔 2637 m,最低点为小黑江与李仙江交汇处,海拔 320 m。境内无平坝,多高峻条峻状型山地,海拔多在 1200~1500 m。

图 8-2　绿春县海拔高度空间分布

8.2　绿春县气候概况

　　绿春县大部属南亚热带季风气候区(图 8-3),气候温润,雨量充沛,干湿季节分明,春季温和,夏季无暑,秋季清爽,冬季温润。绿春城区年平均气温 17.3 ℃,年平均最高气温 22.4 ℃,年平均最低气温 14.2 ℃,极端最高气温 31.5 ℃,出现在 1969 年 5 月 5 日,极端最低气温－1.8 ℃,出现在 2016 年 1 月 25 日;年平均降水量 1995.8 mm,日最大降水量 196.4 mm,出现在 1966 年 7 月 28 日;年平均相对湿度 78.0%;年平均日照时数 1997.1 h;年平均风速 1.5 m/s,常年最多风向为 SE(东南)。

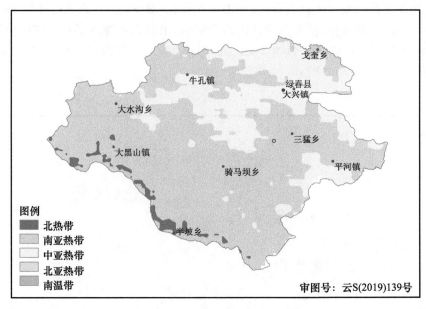

图例
■ 北热带
南亚热带
中亚热带
北亚热带
南温带

审图号：云S(2019)139号

图 8-3　绿春县气候带

8.3　绿春县茶树生产概况

绿春县境内雨量充沛，气候温和，土壤肥沃，十分适宜茶树种植，宜茶面积达 30 万亩。茶叶是绿春县的一项传统支柱产业，种茶历史悠久，至今在黄连山保护区和县城周边原始森林里还保存有野生古茶树，人工种植的玛玉茶已有 500 多年的历史，简易加工的"玛玉竹筒香茶"曾远销到越南、老挝、缅甸等东南亚国家和省内思茅、普洱等著名茶叶集散地，在市场上享有盛名。

自 20 世纪 60 年代以来，绿春县认真贯彻茶叶生产发展方针，在玛玉村种植 150 亩茶园开始创办茶场。70 年代，全县以集体联办形式大规模种植茶叶，兴办乡村茶场，茶叶生产进入迅速发展时期。到 1978 年全县茶园发展到 2.3 万亩，年产毛茶 108.8 吨。80 年代至 90 年代初，特别是农村实行家庭联产承包责任制之后，全县茶叶生产得到进一步加强，种植规模不断扩大，同时积极兴办茶叶加工企业，提高加工能力和精制水平，产品开发得到不断推陈出新。1980 年玛玉茶被评为云南名茶，之后连续三届获得云南名茶称号，产品远销俄罗斯、法国、巴基斯坦、韩国等国家。"玛玉银针"被首届昆交会列为指定产品。全县茶叶生产经过 20 世纪 70 年代初期、80 年代中期、90 年代初期和近 5 年来四次发展高峰形成了一定规模。2021 年全县茶园面积已达 20 万亩，其中：投产茶园 18 万亩，年产茶叶 11000 吨（亩产量产 61 kg），实现年总产值 16500 万元（亩产值 915 元）。全县涉及茶叶农户 2.8 万户 13 万人，茶农人均纯收入 1269 元。面积、产量均占红河州第一，是云南省主要产茶县之一。

绿春县目前所栽品种大多为地方良种玛玉大叶种茶（10000 亩），从思茅等地引进的茶树良种云抗 10 号（80000 亩）、雪芽 100 号（200 亩）、长叶白毫（100 亩）、浙江小叶种茶（1200 亩）、乌龙茶等品种。

8.4　绿春县茶树种植区划指标

8.4.1　种植影响因子分析

(1)茶树种植气候条件

茶树性喜温暖、湿润,从南纬45°到北纬38°都可以种植,最适宜的生长温度在18~25℃,不同品种对于温度的适应性有所差别,对于绿茶来说生长环境要求如下:①日照时间长、光度强;②全年不同季节日照时数变化较小;③温凉、湿热的区域性气候;④年平均温度在12~23℃;⑤年降水量在1500 mm左右,灌溉条件好的茶园年降水量在1000 mm以上,相对湿度保持在80%左右为宜;⑥土质疏松、土层深厚,排水、透气良好的微酸性土壤。

(2)茶树种植各物候期对气象条件的要求

新梢的生育(3月):茶树新梢一般在日平均气温10℃左右时开始萌动,14~16℃开始伸长,叶片展开;17~30℃生长迅速。如气温降到10℃以下时,茶芽停止生长。在新梢旺发季节需水最多,此时对缺水反应也是最敏感。早春气温回暖茶芽萌动后,原生质黏度已显著降低,茶树抗寒能力减弱,应注意"返寒"(日平均温度降到10℃以下)或晚霜使茶芽发生冻害,特别是高海拔区会严重威胁春茶的生产。

开花与结果:开花最适宜的温度为18~20℃,相对湿度60%~70%。若气温降到-2℃时花蕾便停止开放,降到-4℃以下时,则多数失去生命力。

(3)茶树种植与地形因子的关系

大量研究表明,海拔、坡度、坡向、地形等对茶树生长有较大的影响。随着海拔的升高,茶园气温和湿度都会有明显的变化,在一定高度的山区,雨量充沛,云雾多,空气湿度大,漫射光强,这对茶树生长有利,但也不是越高越好,优质茶叶多分布于海拔为1200~1400 m的区域。

地表坡度主要影响茶树种植地的土层厚度、水分含量、营养元素和水土流失等。坡向通过影响光照和水分等来影响茶树生长和茶叶质量。元阳县茶叶为绿茶,茎干短矮、叶面偏小,需光量较多。不同坡向受到的日照时数不同,一般阳坡(东、东南、西南、南坡)光照时间长,接收太阳辐射多,温度较阴坡高。

8.4.2　种植区划指标

根据茶树生长发育特点和中国茶树种植区气候特征,充分考虑茶树当地生产实际情况,遵循既定的气候区划原则,提出了茶树种植气候区划指标。通过征询有关专家的意见,对专家意见进行统计、处理、分析和归纳,客观地综合多数专家经验与主观判断对大量难以采用技术方法进行定量分析的因子做出合理估算,最终确定年≥10℃积温、年平均相对湿度、3月平均气温3个指标作为绿春县茶树种植气候适宜性区划指标。并按照最适宜、适宜、次适宜和不适宜进行分级。茶树种植气候区划指标及分级见表8-1。

表8-1 绿春县茶树种植气候区划指标

气候因子	最适宜	适宜	次适宜	不适宜
年≥10 ℃积温(℃·d)	5500~6000	6000~6500	5300~5500	<5300 或≥6500
年平均相对湿度(%)	78~80	76~78 或 80~82	74~76 或 82~84	<74 或≥84
3月平均气温(℃)	16~18	18~20	14~16	<14 或≥20

根据茶树生长发育,充分考虑地形影响,提出了茶树种植地形因子区划指标。选取坡度、坡向作为绿春县茶树种植地形适宜性指标,并按照最适宜、适宜、次适宜和不适宜进行分级。茶树种植地形区划指标及分级见表8-2。

表8-2 绿春县茶树种植地形区划指标

地形因子	最适宜	适宜	次适宜	不适宜
坡度(°)	1~10	0~1 或 10~20	20~30	≥30
坡向(°)	45~135	0~45 或 135~180	180~360	

依据土地利用不同类型对绿春县茶树种植所造成影响存在差异,从适用角度分析,水域、农村居住用地、城镇建设用地、交通用地等不可能种植茶树;从经济角度分析,稻田、果园、独立工矿用地和难利用地不适宜种植茶树;从生态角度分析,有林地不适宜种植茶树;剩下旱地、灌木林地和天然草地可能种植茶树。将绿春县土地利用按照表8-3进行分级。

表8-3 绿春县茶树种植土地利用区划指标

土地利用类型	分级	土地利用类型	分级
河渠	非农用地	农村居民点	非农用地
湖泊	非农用地	其他建设用地	非农用地
裸土地	非农用地	疏林地	非农用地
裸岩石砾地	非农用地	中覆盖度草地	适宜
水库坑塘	非农用地	低覆盖度草地	适宜
永久性冰川雪地	非农用地	平原旱地	适宜
其他林地	非农用地	平原水田	不适宜
滩地	非农用地	坡旱地	适宜
有林地	非农用地	丘陵旱地	适宜
城镇用地	非农用地	丘陵水田	不适宜
高覆盖度草地	适宜	山地旱地	适宜
灌木林	非农用地	山地水田	不适宜

8.4.3 综合种植区划指标

在区划过程中,由于不同气象要素因子(热量、水分、光照、灾害等)和土壤等对茶树生长的重要性是不同的,利用气候和地形共6个因子,将"最适宜""适宜""次适宜""不适宜"4类,分别设置为1、2、3、4,土地利用增加"非农用地"赋值为0(该区域不参与综合适宜性区划计算)。使用权重法,请有经验的专家对各因子的相对重要性给出定量的指标(专家考虑积温、相对湿度、3月新梢生育的平均气温对茶树种植影响较大,故赋予较大权重),按照下式进行图层叠加运算得到综合适宜性区划。

茶树适宜性种植综合区划指数＝年≥10 ℃积温×0.3＋年平均相对湿度×0.2＋3 月平均气温×0.2＋坡度×0.1＋坡向×0.1＋土地利用×0.1。

所计算的茶树适宜性种植综合区划指数值域分布在 0.3～3.8,结合绿春县茶树种植分布情况,按照表 8-4 进行适宜性等级划分。

表 8-4　绿春县茶树种植综合区划分级

等级	值域
最适宜	0.3～1.6
适宜	1.6～2.1
次适宜	2.1～2.5
不适宜	＞2.5
非农用地	0.0

8.5　绿春县茶树种植区划结果

8.5.1　年≥10 ℃积温

绿春县茶树种植≥10 ℃积温指标适宜性存在最适宜区、适宜区、次适宜区以及不适宜区 4 个区域(图 8-4):最适宜区域的年≥10 ℃积温为 5500～6000 ℃·d,主要分布在戈奎西部、大兴中部及东部、牛孔中部和东部、大水沟东部、平河南部。适宜区域的年≥10 ℃积温为 6000～6500 ℃·d,主要分布在绿春中北部和东部。次适宜区域的年≥10 ℃积温为 5300～5500 ℃·d,主要分布在大兴东部、戈奎西部。不适宜区域的年≥10 ℃积温 ＜5300 ℃·d或≥6500 ℃·d,主要分布在中部高海拔地区和西部及南部低海拔高温区,主要是在大兴东部,牛孔、三猛、骑马坝 3 个乡镇交界处,大黑山、半坡、骑马坝、三猛大部。

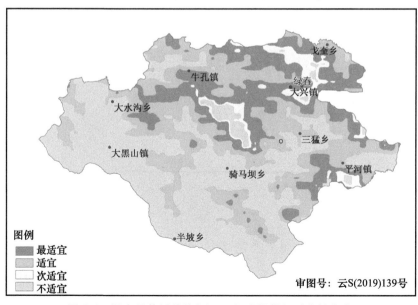

图 8-4　绿春县茶树种植年≥10 ℃积温指标适宜性分布

8.5.2 年平均相对湿度

绿春县茶树年平均相对湿度指标适宜性基本只存在最适宜区和适宜区 2 个区域(图 8-5):最适宜区域的年平均相对湿度为 78%～80%,主要分布在戈奎、大兴、平河、大水沟、骑马坝大部,牛孔东部、三猛西部、大黑山北部和半坡北部;适宜区域的年平均相对湿度为 76%～78% 或 80%～82%,分布在除以上区域的其他区域。

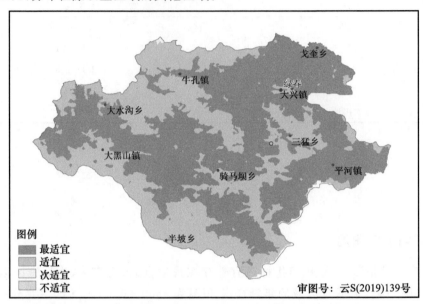

图 8-5　绿春县茶树种植年平均相对湿度指标适宜性分布

8.5.3 3 月平均气温

绿春县茶树种植 3 月平均气温指标适宜性存在最适宜区、适宜区、次适宜区以及不适宜区 4 个区域(图 8-6):最适宜区域的 3 月平均气温为 16～18 ℃,主要分布在戈奎中西部、大兴中

图 8-6　绿春县茶树种植 3 月平均气温指标适宜性分布

部和西部、牛孔北部和南部、大水沟东部、大黑山西部和北部等地区;适宜区域的 3 月平均气温为 18～20 ℃,分布在绿春大部地区,各乡镇均有分布;次适宜区域的 3 月平均气温为 14～16 ℃,主要分布在绿春中部、大兴东部及北部等地;不适宜种植的 3 月平均气温为<14 ℃或≥20 ℃,主要分布在绿春中部的高海拔地区及南部低海拔地区,包括:平河南部边缘地区,大黑山、半坡南部,骑马坝、三猛、平河 3 乡镇交界处等地。

8.5.4　坡度

绿春县茶树种植坡度指标适宜性存在最适宜区、适宜区、次适宜区以及不适宜区 4 个区域,由于绿春县地形复杂,坡度适宜性分布比较破碎(图 8-7):最适宜区域的坡度为 1°～10°,分布得比较破碎,主要分布在戈奎、牛孔、大水沟、三猛、平河等地的部分地区;适宜区域的坡度为 0°～1°或 10°～20°,分布破碎,在 9 个乡镇的部分地区均有分布;次适宜区域的坡度为 20°～30°,分布也比较破碎,在 9 个乡镇的部分地区均有分布;不适宜区域的坡度≥30°,主要分布在大水沟、大黑山、骑马坝、半坡等地。

图 8-7　绿春县茶树种植坡度指标适宜性分布

8.5.5　坡向

绿春县茶树种植坡向指标适宜性存在最适宜区、适宜区及次适宜区 3 个区域(图 8-8):最适宜区域的坡向为 45～135°,为偏北偏东向,主要分布在戈奎、牛孔、大兴、大水沟、三猛、骑马坝、平河等地部分地区;适宜区域的坡向为 0°～45°或 135°～180°,为偏北向及东南向,分布得比较破碎,主要分布在戈奎、牛孔、大兴、大水沟、三猛、骑马坝、平河等地的部分地区;次适宜区域的坡向为 180°～360°,为偏西方向,分布得比较广,在 9 个乡镇的大部分地区均有分布。

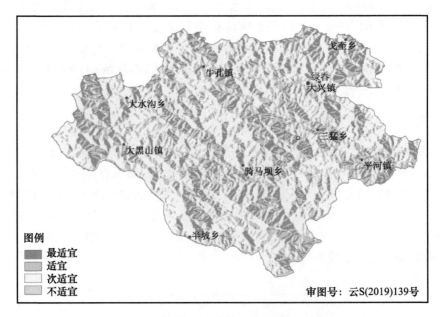

图 8-8　绿春县茶树种植坡向指标适宜性分布

8.5.6　综合种植区划

　　根据茶树种植适宜性区划指标,并使用权重法充分考虑气候条件、地形因子及土地利用类型等多项因子(参照 8.4.3),可将绿春县茶树种植区域划分为最适宜区、适宜区、次适宜区以及不适宜区 4 个区域(图 8-9)。

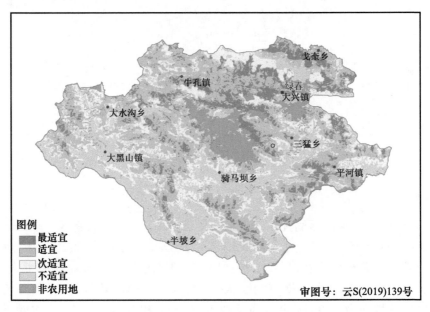

图 8-9　绿春县茶树种植综合适宜性区划

　　绿春县最适宜区主要分布在戈奎中部、大兴中部、牛孔中部、大水沟东部、大黑山东北部、骑马坝南部、平河中部等地;适宜种植的地区多分布在戈奎东部、大兴大部、牛孔大部、大水沟东部和西部、大黑山东部、骑马坝北部和东南部、三猛、平河等地。最适宜区和适宜区年≥10 ℃积温 5500～7100 ℃·d、年相对湿度 77.5％～80.0％、3 月平均气温 16～20 ℃。

　　在绿春中部(牛孔、三猛、骑马坝 3 个乡镇交界处)、东北部(大兴东部和南部、戈奎西部南部)等地不适宜种植茶树;另外,在绿春南部地区(大黑山、半坡南部地区)及骑马坝、三猛、平河 3 个乡镇交界处也不适宜种植茶树,这些区域年≥10 ℃积温 6500～8500 ℃·d,气温偏高,不利于茶树生长。

第 9 章

金平县香蕉种植气候区划

9.1　金平县情

金平县全称金平苗族瑶族傣族自治县,位于云南南部边陲山区,哀牢山脉的东南端(图 9-1)。东隔红河与个旧市、蒙自市、河口县相望,西接绿春,北连元阳,南与越南接壤,边境线长达 502 km,居云南第二。东西最大横距 115 km,南北最大纵距 69 km,国土面积 3677 km²。辖 13 个乡镇和 1 个金平农场,94 个村委会 1183 个村民小组和 7 个社区 45 个居民小组,2021 年常住人口 36.9 万人。世居着苗族、瑶族、傣族、哈尼族等 9 种民族,少数民族占 87.6%。

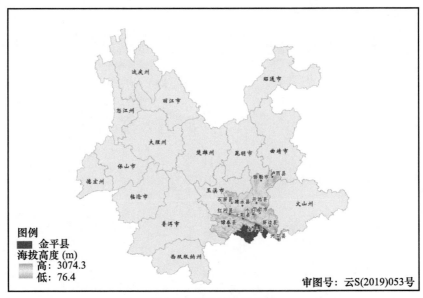

图例
■ 金平县
海拔高度 (m)
高: 3074.3
低: 76.4

审图号: 云S(2019)053号

图 9-1　金平县地理位置

金平境内多为山区,山区面积占全县面积的 99.72%,海拔差异明显,最低海拔105 m,最高海拔 3074 m,高差 2969 m。境内地势由西北逐渐向东南倾斜,云岭山脉呈西南走向,分为哀牢山和无量山,以藤条江为界分为分水岭和西隆山,形成"二山、二谷、三面坡"的地貌特征(图 9-2)。

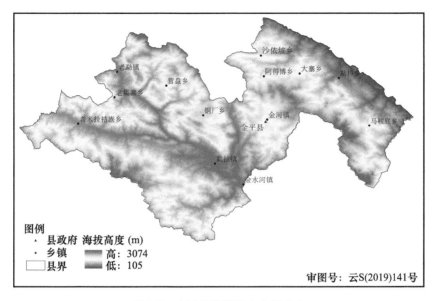

图 9-2　金平县海拔高度空间分布

　　金平地处滇南低纬高原地区,属热带季风气候带,雨量充沛,干湿分明,立体气候差异明显,有利于农业的多种经营和多层次立体开发。主要农产品有粮食作物水稻、玉米等,经济作物有橡胶、香蕉、草果、甘蔗、茶叶、咖啡、花椒、八角等。全县耕地 50363.62 hm²(755454.3亩)。其中,水田 6361.39 hm²(95420.9 亩),占 12.63%;水浇地 6175.05 hm²(92625.8 亩),占 12.26%;旱地 37827.18 hm²(567407.7 亩),占 75.11%。金河镇、金水河镇、铜厂乡、勐桥乡、老集寨乡耕地面积较大,占全县耕地面积的 57.15%。2021 年全县粮食种植面积 45.53 万亩,产量 13.57 万吨,产值 37811.2 万元。

　　近年来,金平县坚持把农业产业作为群众增收致富的根本,成功申报"金平香蕉""金平人参""金平砂仁"等 5 件地理标志证明商标,持续推进农业产业不断发展壮大。2021 年种植面积为橡胶 40.11 万亩、香蕉 21.2 万亩、甘蔗 3.85 万亩、茶树 2.5 万亩,农业产业化经营体系初具雏形。2021 年,完成农业生产总值 101.63 亿元,农村居民人均可支配收入 11559 元,同比增长 10.2%。

9.2　金平县气候概况

　　金平县为滇南低纬高原季风气候。地形地貌复杂多样,海拔悬殊,立体气候显著。冬暖夏凉、四季不明显,降水充沛,但干湿季分明,5—10 月降水量占全年降水量的 80%。

　　金平城区年平均气温 18.3 ℃,年平均最高气温 22.8 ℃,年平均最低气温 15.5 ℃,极端最高气温 33.1 ℃,出现在 1966 年 4 月 29 日,极端最低气温-0.9 ℃,出现在 1974 年 1 月 1 日;年平均降水量 2332.7 mm,日最大降水量 197.2 mm,出现在 1976 年 7 月 6 日;年平均相对湿度 83.0%;年平均日照时数 1700.8 h;年平均风速 1.5 m/s,常年最多风向为 SSW(南西南)。金平县降水量充沛,全境年降水量均在 1200 mm 以上,其中老勐、营盘北部最少,在 1200~1500 mm,以金河镇为中心的中部区域最多,在 2000 mm 以上,其他地区多在 1500~2000 mm。

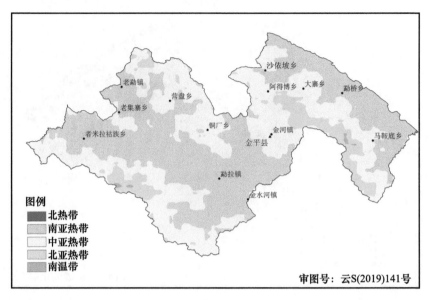

图 9-3　金平县气候带

9.3　金平县香蕉生产概况

金平县具有发展香蕉产业的优势,优越的光温自然条件,使香蕉品质、质量居全国之冠,受到国内外消费者青睐。香蕉在金平有悠久的种植历史,20 世纪 70 年代初种植面积逾千亩,大面积引种开始于 1986 年,面积达到 3889. 2 hm²,1997 年金平县农业局从云南省香蕉组培苗基地引进香蕉组培苗和标准化种植管理技术进行试验示范种植,试验亩产 2. 9 吨,亩产值 4350 元。2001 年,金平香蕉产业开发开始采取"公司＋农户＋基地"的种植经营模式,促进了金平香蕉产业化的快速发展。2013 年,经国家工商总局商标局认定,"金平香蕉"荣获中国国家地理标志证明商标。产品远销哈尔滨、乌鲁木齐、北京、上海、沈阳等全国多个大中城市及俄罗斯等国。

9.4　金平县香蕉种植区划指标

9.4.1　影响因子分析

香蕉,芭蕉科芭蕉属植物,原产热带、亚热带地区。植株为大型草本,属多年生大型草本单子叶植物,叶片宽大、假茎质脆,无主根、须根系浅生,且多分布在 20~30 cm 耕作层;植株丛生,具匍匐茎,从根状茎发出,由叶鞘下部形成假茎;果实弯垂,属于浆果,最大的果丛有果 360个之多,重可达 32 kg,一般的果丛有果 8~10 梳,约有果 150~200 个不等。植株结果、采收后,假茎逐渐枯萎、死亡,由球茎长出的吸芽继续繁殖,每一根株可存活多年。随着地膜、天膜技术在香蕉栽培中广泛应用,中国香蕉已实现一年四季都能种植,全年均有香蕉收成的栽培方式。植期按季节可分为春植、夏植、秋植和冬植。香蕉的主要种植关键期可分为:育苗期、移栽伸根期、旺长期以及成熟期。

(1)香蕉种植气候条件

①温度:温度是影响香蕉生长发育的重要因子,也是决定香蕉种植分布的主要因子。香蕉生长温度为 20~35 ℃,最适宜为 24~32 ℃,最低不宜低于 15 ℃,气温过低,香蕉生长缓慢,甚至停止生长,出现冷害症状,甚至死亡。低温是香蕉高产栽培的一个主要影响因子,但是适当的低温对香蕉生长和提供果实风味有利;适当的低温(20~25 ℃),昼夜温差大,利于花芽分化、产量高、果指长,梳形果形好,抽蕾以后的香蕉在较低的温度下缓慢成熟,果实含糖量高,肉质结实,风味好,品质佳。

②日照:香蕉喜光,整个生育期需充足光照和高温多湿条件,光照不足,对其生长发育不利,影响香蕉果实的产量和品质。据估计,香蕉在其生长期内,3/5 以上的天数得到日光的照射,即可正常生长。香蕉从生长旺盛期开始,特别是在花芽形成期、开花期和果实成熟期,要求有较多的光照,其中以日照时数多并伴有阵雨最为适宜。

③水分:香蕉是大型草本植物,性喜湿润,其水分含量高,叶面积大,蒸腾量也很大,再加上其根系的浅水性,故要求在全生育期均有均匀的水分供给。香蕉整个生长发育期都需要充足的水分供应,一般要求平均月降水量 100 mm,才能满足香蕉的生理需求,较理想的年降水量为 1500~2000 mm。

(2)香蕉种植与地形因子的关系

大量研究表明,海拔高则温度低、积温减少,易引起香蕉的产量和品质降低;坡度越缓越有利于管理,更适宜香蕉种植,分析表明,香蕉种植分布于坡度小于 35°的区域,超过 35°不适宜种植。由于海拔高度的变化与温度的变化非常契合,故在考虑种植区域的时候,考虑温度即可,不再考虑海拔高度。

9.4.2　种植区划指标

香蕉忌低温干旱,尤其是生殖生长和果指灌浆充实期更忌低温、霜冻灾害。气候条件不但关系到香蕉的种植范围、品种、栽培制度和管理方式、生长发育和产量形成等各个方面,也影响香蕉品质。在生产上多以 10 ℃作为香蕉生长的临界温度,日平均气温≥10 ℃积温反映香蕉生长期间热量状况,年极端最低气温和日平均气温≤8 ℃持续天数可反映香蕉越冬期间热量条件的优劣。此外,年降水量和年日照时数分别反映香蕉全年的水分状况和光照条件。

根据上述分析结果,结合金平县香蕉栽培的实际情况,选择≥10 ℃积温、日平均气温≤8 ℃连续天数、年日照时数和年降水量 4 个影响香蕉生产的主要气候因子,作为金平县香蕉种植气候适宜性区划指标,并按最适宜、适宜、次适宜、不适宜进行分级。金平县香蕉种植气候适宜性区划指标及分级见表 9-1。

表 9-1　金平县香蕉种植气候适宜性区划指标

气候因子	最适宜	适宜	次适宜	不适宜
年≥10 ℃积温(℃·d)	≥6700	6200~6700	5700~6200	<5700
日均温≤8 ℃连续天数(d)	≤3	4~6	7~9	≥10
年日照时数(h)	≥1700	1600~1700	1500~1600	<1500
年降水量(mm)	≥1500	1300~1500	1100~1300	<1100

根据香蕉生长发育,选取坡度作为金平县香蕉种植地形适宜性指标,并按照最适宜、适宜、次适宜和不适宜进行分级。香蕉种植地形区划指标及分级见表 9-2。

表 9-2　金平县香蕉种植地形区划指标

地形因子	最适宜	适宜	次适宜	不适宜
坡度(°)	0~10	10~25	25~35	≥35

依据土地利用不同类型对金平县香蕉种植所造成的影响存在差异,将金平县土地利用按照表 9-3 进行分级。

表 9-3　金平县香蕉种植土地利用区划指标

土地利用类型	分级	土地利用类型	分级
河渠	非农用地	农村居民点	非农用地
湖泊	非农用地	其他建设用地	非农用地
裸土地	非农用地	疏林地	适宜
裸岩石砾地	非农用地	中覆盖度草地	适宜
水库坑塘	非农用地	低覆盖度草地	适宜
永久性冰川雪地	非农用地	平原旱地	适宜
其他林地	适宜	平原水田	非农用地
滩地	非农用地	坡旱地	适宜
有林地	适宜	丘陵旱地	适宜
城镇用地	非农用地	丘陵水田	非农用地
高覆盖度草地	适宜	山地旱地	非农用地
灌木林	适宜	山地水田	非农用地

9.4.3　综合种植区划指标

在区划过程中,由于不同要素因子对香蕉生长的重要性是不同的。利用气候和地形共 6 个因子,将"最适宜""适宜""次适宜""不适宜"4 类,分别设置为 1、2、3、4,土地利用增加"非农用地"赋值为 0(该区域不参与综合适宜性区划计算)。使用权重法,由于金平县全境内无小于 1100 mm 年降水量的区域,即金平全境就年降水量来说,均适宜香蕉种植,故在计算适宜性指数的时候赋予年降水量较小的权重,重点关注其他因子对香蕉种植的影响。按照下式进行图层叠加运算得到综合适宜性区划。

香蕉适宜性种植综合区划指数＝年≥10 ℃积温×0.2＋日均温≤8 ℃连续天数×0.3＋年日照时数×0.2＋年降水量×0.1＋坡度×0.1＋土地利用×0.1。

所计算的综合适宜性区划指数值域分布在 0.9~4.0,结合金平县香蕉种植分布情况,按照表 9-4 进行适宜性等级划分。

表 9-4　金平县香蕉种植综合区划分级

等级	值域
最适宜	0.9~1.8
适宜	1.8~2.4
次适宜	2.4~2.9
不适宜	≥2.9
非农用地	0.0

9.5　金平县香蕉种植区划结果

9.5.1　年≥10 ℃积温

金平县香蕉种植年≥10 ℃积温指标适宜性分为最适宜区、适宜区、次适宜区、不适宜区 4 个区域(图 9-4):最适宜区主要分布在 2 个地带:东北部沿红河河谷沿岸一带;以勐拉为中心,呈树形散发的一个地带,囊括了金平西部所有乡镇,大体上沿乡镇边界延伸,并向两侧扩展。最适宜区面积较大的乡镇有勐拉、老集寨、金水河、勐桥 4 个乡镇;适宜区基本沿最适宜区的边缘向外扩展,次适宜区又沿适宜区的边缘向外扩展;不适宜区在各个乡镇均有分布,主要分布在金平西南沿边境线一带,老勐、营盘、铜厂一线的中北部,阿得博、大寨、勐桥、马鞍底一线的南部,金河也有较大面积分布,老集寨不适宜区面积最小。

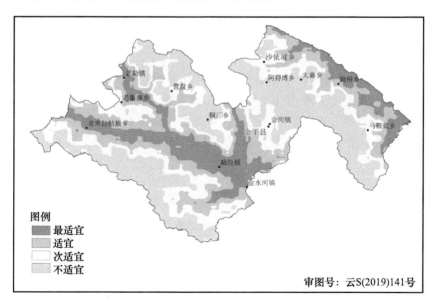

图 9-4　金平县香蕉种植年≥10 ℃积温指标适宜性分布

9.5.2　日均温≤8 ℃连续天数

根据香蕉种植适宜性指标,金平县香蕉种植日均温≤8 ℃连续天数指标适宜性分为最适宜区、适宜区、次适宜区、不适宜区 4 个区域,分别对应≤3 d、4～6 d、7～9 d、≥10 d(图 9-5)。

不适宜区面积较小,主要分布在老勐、营盘的北部地区,以及马鞍底的部分地区,西南西畴山亦有一小部分分布;最适宜区分布最广,面积最大,所有乡镇均有分布,面积较大的乡镇有勐拉、金水河、者米、老集寨、勐桥、马鞍底等乡镇;适宜区分布最少,仅在最适宜区边缘有少量扩展延伸;次适宜区分布亦较广,面积亦较大,主要分布在金平西南边境沿线,老勐、营盘、铜厂的大部分区域,金河镇北部,阿得博、大寨、勐桥、马鞍底一线的南部。

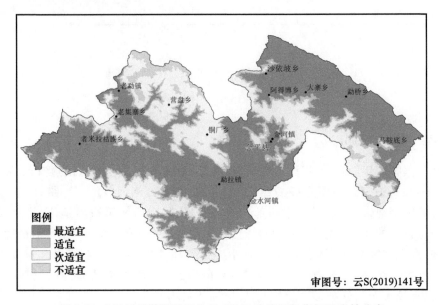

图 9-5 金平县香蕉种植日均温≤8 ℃连续天数指标适宜性分布

9.5.3 年日照时数

根据香蕉种植适宜性指标,金平县香蕉种植年日照时数指标适宜性分为最适宜区、适宜区、次适宜区、不适宜区 4 个区域(图 9-6):最适宜区主要分布在 2 个地带:东北部沙依坡乡附近;西部勐拉、者米、老集寨、老勐等地。适宜区基本沿最适宜区的边缘向外扩展,次适宜区又沿适宜区的边缘向外扩展,且均分布较广,面积较大。不适宜区主要分布在金水河南部、勐桥南部、马鞍底等地。

9.5.4 年降水量

金平县香蕉种植年降水量指标适宜性可分为最适宜区、适宜区、次适宜区 3 个区域(图 9-7):由于金平全境年降水量均大于1200 mm,故无不适宜区;最适宜区占据了金平县绝大部分区域,大部分乡镇全境均为最适宜区;适宜区只在者米、老集寨、老勐、营盘有零散分布,面积最大的为老勐;次适宜区只在老勐有零散分布。

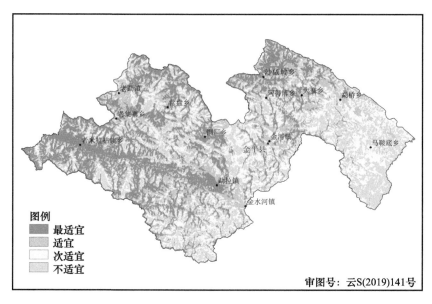

图 9-6　金平县香蕉种植年日照时数指标适宜性分布

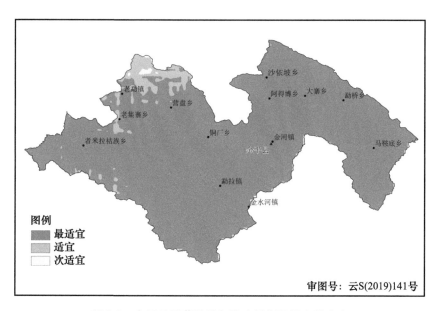

图 9-7　金平县香蕉种植年降水量指标适宜性分布

9.5.5　坡度

　　金平县香蕉种植坡度指标适宜性存在最适宜区、适宜区、次适宜区以及不适宜区 4 个区域（图 9-8）：由于金平县地形较复杂，坡度分布也不均匀，所以适宜性区域的分布也比较破碎。不适宜区主要分布在老勐、营盘、铜厂、者米以及马鞍底等乡镇；最适宜区主要集中分布在勐拉、金水河、铜厂、勐桥等乡镇；适宜区分布最广，面积最大，金平县大部分地区均为适宜区；次适宜区分布比较破碎，总体而言，在金平西北部分布较多。

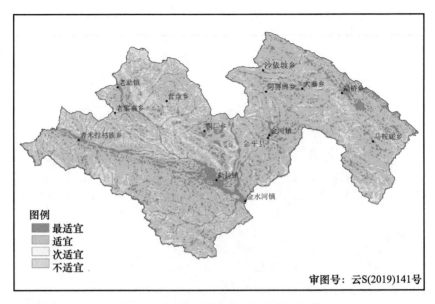

图 9-8　金平县香蕉种植坡度指标适宜性

9.5.6　综合种植区划

根据香蕉种植适宜性区划指标,并使用权重法充分考虑气候条件、地形因子及土地利用类型等多项因子(参照 9.4.3 节),可将金平县香蕉种植区域划分为最适宜区、适宜区、次适宜区以及不适宜区 4 个区域(图 9-9)。

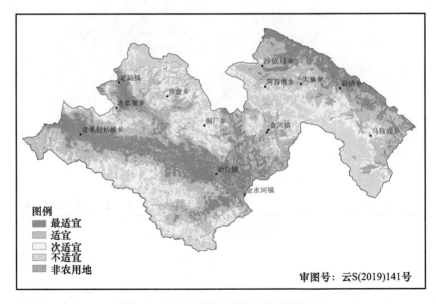

图 9-9　金平县香蕉种植综合适宜性区划

次适宜和不适宜区主要分布在金平西南边境沿线,老勐、营盘、铜厂的中北部区域,金河镇北部,阿得博、大寨、勐桥、马鞍底一线的南部。在勐拉、金水河、者米中部亦有较大面积分布。这些地区年内日均温≤8 ℃连续天数超过 7 d,≥10 ℃积温少于 5700 ℃・d,不能满足香蕉种植所需的热量条件。

最适宜区主要分布在 2 个地带:东北部沿红河河谷沿岸一带;以勐拉为中心,呈树形散发的一个地带,囊括了金平西部所有乡镇,大体上沿乡镇边界延伸,并向两侧扩展。最适宜区面积较大的乡镇有勐拉、老集寨、金水河、勐桥、者米等。适宜区基本沿最适宜区的边缘向外扩展,且分布较广,面积较大。这些地区大多年日照时数在 1600 h 以上,年降水量大于 1200 mm,年内≥10 ℃积温高于 6200 ℃·d,均温≤8 ℃连续天数少于 3 d,能较好地满足香蕉生长发育所需的热量、水分和光照条件。

第 10 章　屏边县枇杷种植气候区划

10.1　屏边县情

屏边苗族自治县位于云南省南部、红河州东南部(图 10-1),距省会昆明 320 km,距州府蒙自 59 km,距国家级开放口岸河口 95 km。屏边县位于东经 103°24′—103°58′,北纬 22°49′—23°23′,全县面积 1906 km²,县境南北长 63 km,东西宽 55.5 km,辖 4 镇 3 乡,76 个村委会、4 个社区。聚居着苗族、汉族、彝族、壮族、瑶族等 17 个民族,2021 年,全县户籍人口 160829 人,其中苗族人口占总户籍人口的 47.24%,以苗族为主的少数民族人口占总户籍人口的 69.35%,是全国单列的五个苗族自治县之一、云南省唯一的苗族自治县。

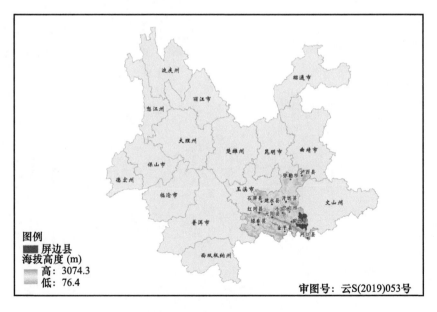

图 10-1　屏边县地理位置

屏边县境内地势北高南低(图 10-2)，由北向南倾斜。南溪河、新现河、那么果河纵贯全境，由于河流的切割，地貌形成了"四河三山六面坡(四河指南溪河、那么果河、新现河、绿水河，三山指四条河之间的山脉，以最高山称呼的话，有耙耙山、大黑山、大围山)"的总体结构，地形极其复杂，高山横亘连绵，"V"形谷较多。山地面积占全县面积的 100%。

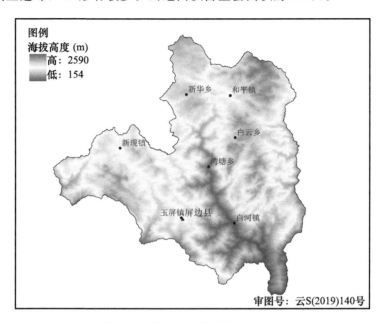

图 10-2　屏边县海拔高度空间分布

近年来，屏边县围绕"生态立县、绿色经济强县"发展目标，突出生态优势，唱响"绿色产业"发展主旋律，持续巩固绿色发展成果，不断实现生态产品附加值，让绿色优势转换为经济优势。2021 年末累计发展以屏边荔枝、猕猴桃、枇杷为主的林果产业 30 余万亩，香蕉、菠萝、芒果、菠萝蜜等其他水果产业 20.15 万亩。

10.2　屏边县气候概况

屏边地处北回归线以南，属亚热带湿润山地季风气候，受特殊的地理位置(低纬高原)和大气环流(东南季风和西南季风)影响，形成了雨热同期、干湿季分明的气候特点。夏半年受来自孟加拉湾的西南暖湿气流和南海的东南暖湿气流影响，多降雨天气，雨量较为丰沛。冬半年主要受青藏高原南支西风气流和低层东南气流影响，降水较少，天气相对温暖。雨季(5—10 月)降水量占全年的 80% 以上，干季(11—4 月)降水量只占不到 20%。由于境内海拔相对高差较大，形成了多样性的立体气候(图 10-3)。屏边城区年平均气温 16.6 ℃，年平均最高气温 21.1 ℃，年平均最低气温 13.9 ℃，极端最高气温 33.0 ℃，出现在 2012 年 5 月 4 日，极端最低气温 −1.9 ℃，出现在 2016 年 1 月 25 日；年平均降水量 1592.9 mm，日最大降水量 148.1 mm，出现在 1975 年 7 月 6 日；年平均相对湿度 86.0%；年平均日照时数 1535.3 h；年平均风速 1.8 m/s，常年最多风向为 SE(东南)。

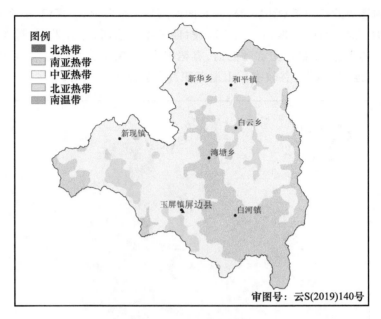

图 10-3 屏边县气候带

10.3 屏边县枇杷生产概况

枇杷是常绿小乔木,高可达 10 m 左右。树高 3~5 m,叶子大而长,厚而有茸毛,小枝密生锈色或灰棕色绒毛,呈长椭圆形,状如琵琶。别名又叫芦橘、芦枝、金丸、炎果、焦子。枇杷与大部分果树不同,在秋天或初冬开花,果子在春天至初夏成熟,比其他水果都早,因此被称是"果木中独备四时之气者"。成熟的枇杷味道甜美,营养颇丰,有各种果糖、葡萄糖、钾、磷、铁、钙以及维生素 A、维生素 B、维生素 C 等。胡萝卜素含量在各水果中为第三位。中医认为枇杷果实有润肺、止咳、止渴的功效。枇杷不论是叶、果和核都含有扁桃苷。枇杷叶亦是中药的一种,以大块枇杷叶晒干入药,有清肺胃热,降气化痰的功用,常与其他药材制成"川贝枇杷膏"。

自 2013 年以来,枇杷产业作为屏边县种植业"十百千"工程三大支柱产业之一,在全县得到推广种植,依托退耕还林、造林补贴、陡坡地治理等林业项目和扶贫政策项目,2021 年已累计发展种植 4.3 万亩,挂果面积 2 万余亩,全县 7 个乡镇均有种植。

10.4 屏边县枇杷种植区划指标

10.4.1 种植影响因子分析

(1)枇杷种植气候条件

①温度条件:枇杷原产北亚热带,性喜温。要求较高的温度,年平均气温 12 ℃以上能正常生长,15 ℃以上更适宜。枇杷冬季开花,春季形成果实,以花果越冬,冬春气候条件最能影响

枇杷生长。其中,枇杷的花蕾比较耐冻,可耐 -7～-5 ℃的低温,而且枇杷开花延续时间长,头茬花受冻还有后续花,花发生冻害对枇杷产量影响较小;而幼果受冻时,果实胚或果肉就会出现褐变,果实不能正常生长或停止生长,从而造成枇杷的减产或绝收。因此,枇杷幼果期的低温冻害是影响枇杷生产的主要限制因子。近年来,虽然气候变暖,但阶段性极端降温过程依然多发,极端最低气温低,冻害导致枇杷受损的情况时有发生。

②降水条件:枇杷喜湿润性气候,果树的叶片、枝梢、根系和果实等器官,对水分有一定的要求,年降水量为 1000～1800 mm,水量充沛,才能满足枇杷生长发育和开花结果的需要。但怕积水,土壤积水、地下水位高易造成生长不良或死亡。枇杷的不同生育阶段对水分的要求也各不相同。枇杷花芽分化期为每年的 7—8 月,在此阶段若出现高温干旱天气,高温少雨将抑制枇杷的花芽分化,常使花穗变小,并影响枝梢抽生,进而影响枇杷的产量,而 7—8 月正值屏边主汛期,降雨充沛,对枇杷生产影响较小。

③日照条件:枇杷属喜光耐阴树种,对光照要求不严。枇杷幼苗期喜欢散射光,忌阳光直射和暴晒,故适当密植,相互遮阴,有利于生长。成年树结果期则要求光照充足,反之会造成枝梢生长不良,枯枝增多,诱发病虫危害。

(2)枇杷种植与地形因子的关系

坡度越缓越有利于管理,更适宜枇杷种植,而且坡度、坡向的不同,日照时间和太阳辐射强度都有较大差异。

10.4.2　种植区划指标

根据枇杷生长发育特点和屏边枇杷种植区气候特征,充分考虑屏边县当地生产,遵循既定的气候区划原则,提出了枇杷种植气候区划指标:(1)热量条件:年平均气温;(2)水分条件:年降水量;(3)关键气候因子:花果越冬期(12 月—次年 3 月)极端最低气温。枇杷种植气候区划指标及分级见表 10-1。

表 10-1　屏边县枇杷种植气候区划指标

气候因子	最适宜	适宜	次适宜	不适宜
年平均气温(℃)	15～18	14～15;18～19	13～14;19～20	<13;≥20
年降水量(mm)	1400～1600	1300～1400、1600～1700	1200～1300、1700～1800	<1200;≥1800
12 月—次年 3 月极端最低气温(℃)	≥-1	-2.5～-1	-3.5～-2.5	<-3.5

根据枇杷生长发育,充分考虑地形影响,提出了枇杷种植地形因子区划指标。因海拔与气温的相关性较大,为排除指标的同一性,仅选取坡度作为屏边县枇杷种植地形适宜性指标,枇杷种植地形区划指标及分级见表 10-2。

表 10-2　屏边县枇杷种植地形区划指标

地形因子	最适宜	适宜	次适宜	不适宜
坡度(°)	0～8	8～15	15～25	≥25

依据土地利用不同类型对屏边县枇杷种植所造成影响存在差异,将屏边县土地利用按照表 10-3 进行分级。

表 10-3　屏边县枇杷种植土地利用区划指标

土地利用类型	分级	土地利用类型	分级
裸土地	不适宜	农村居民点	非农用地
其他林地	非农用地	疏林地	次适宜
有林地	非农用地	中覆盖度草地	最适宜
城镇用地	非农用地	坡旱地	适宜
高覆盖度草地	最适宜	丘陵旱地	最适宜
灌木林	最适宜	山地旱地	最适宜
山地水田	次适宜		

10.4.3　综合种植区划指标

在区划过程中,利用气候和地形共 5 个因子,将"最适宜""适宜""次适宜""不适宜"4 类,分别设置为 1、2、3、4,土地利用增加"非农用地"赋值为 0(该区域不参与综合适宜性区划计算)。然后使用权重法,考虑花果越冬期(12 月—次年 3 月)极端最低气温对幼果影响较大,故赋予较大权重,最后按照下式进行图层叠加运算得到综合适宜性区划。

枇杷适宜性种植综合区划指数＝年平均气温×0.2＋年降水量×0.1＋12 月—次年 3 月极端最低气温×0.4＋坡度×0.1＋土地利用×0.2。

所计算的枇杷适宜性种植综合区划指数值域分布在 1.0～3.4,结合屏边县枇杷种植分布情况,按照表 10-4 进行适宜性等级划分。

表 10-4　屏边县枇杷种植适宜性综合区划分级

等级	值域
最适宜	1～1.7
适宜	1.7～2.3
次适宜	2.3～2.9
不适宜	≥2.9
非农用地	0

10.5　屏边县枇杷种植区划结果

10.5.1　年平均气温

屏边县枇杷种植年平均气温指标适宜性存在最适宜区、适宜区、次适宜区以及不适宜区 4 个区域(图 10-4):最适宜区域的年平均气温为 15～18 ℃,主要分布在中北部的新现、新华、和平、白云等地;适宜区域的年平均气温为 18～19 ℃或 14～15 ℃,主要集中分布在最适宜区的周围,在各个乡镇均有分布;次适宜区域的年平均气温为 13～14 ℃或 19～20 ℃,主要围绕适宜区分布;不适宜区域的年平均气温为<13 ℃或≥20 ℃,主要分布在中部及东南部低海拔地区,包括白河南部、玉屏东部、湾塘中部、新现西部。

审图号：云S(2019)140号

图 10-4　屏边县枇杷种植年平均气温指标适宜性分布

10.5.2　年降水量

屏边县枇杷种植年降水指标适宜性存在最适宜区、适宜区、次适宜区、不适宜区 4 个区域（图 10-5）：最适宜区域的年降水量为 1400～1600 mm，主要分布在新现大部、湾塘北部、白河北部；适宜区域的年降水量为 1300～1400 mm 或 1600～1700 mm，主要分布在最适宜区周围，在各个乡镇均有分布；次适宜区的年降水量为 1200～1300 mm 或 1700～1800 mm，主要分布在新华中部，和平大部，玉屏、白河和湾塘的局部；不适宜区的年降水量＜1200 mm 或≥1800 mm，主要分布在新华、和平的北部地区。

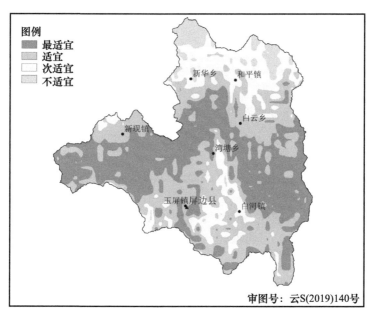

审图号：云S(2019)140号

图 10-5　屏边县枇杷种植年降水量指标适宜性分布

10.5.3　12月一次年3月极端最低气温

屏边县枇杷种植12月—次年3月极端最低气温指标适宜性存在最适宜区、适宜区、次适宜区、不适宜区4个区域(图10-6);最适宜区域的12月—次年3月极端最低气温≥-1℃,主要分布在玉屏、湾塘、白河等乡镇的大部分地区,新华南部及新现西部等地有少量分布;适宜区域的12月—次年3月极端最低气温为-2.5~-1℃,主要分布在最适宜区域的边缘地区;次适宜区域的12月—次年3月极端最低气温为-3.5~-2.5℃,主要分布在新现、白云、和平等地;不适宜区域的12月—次年3月极端最低气温<-3.5℃,主要分布在白云、新华、和平等高海拔地区。

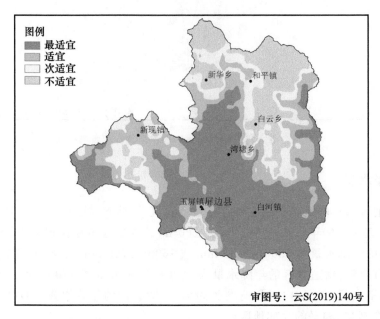

图10-6　屏边县枇杷种植12月—次年3月极端最低气温指标适宜性分布

10.5.4　坡度

屏边县枇杷种植坡度指标适宜性存在最适宜区、适宜区、次适宜区以及不适宜区4个区域(图10-7):最适宜区域的坡度为0°~8°,主要分布在新华、白云、新现及玉屏的部分地区;适宜区域的坡度为8°~15°,主要分布在新现、玉屏、白云、白河等地;次适宜区域的坡度为15°~25°,分布在屏边县的大部分地区;不适宜区域的坡度为≥25°,分布得比较破碎,在各个乡镇均有分布。

10.5.5　综合种植区划

根据枇杷种植适宜性区划指标,并使用权重法充分考虑气候条件、地形因子及土地利用类型等多项因子(参照10.4.3节),可将屏边县枇杷种植区域划分为最适宜区、适宜区、次适宜区以及不适宜区4个区域(图10-8)。

最适宜种植区域在各乡镇均有分布,集中分布在白河北部、湾塘东部、新华南部。这些地区温暖湿润,且能保证枇杷在花果期安全越冬。

适宜种植区域主要分布于南溪河以东,在最适宜种植区域的外围大部分地区,主要分布于白河大部地区以及湾塘与玉屏、白河交界处的地区。

次适宜种植区域主要分布于屏边县北部海拔较高地区,如新华、和平、白云等地。

不适宜区主要分布在次适宜地区的中部,在和平分布较多。这些地区 12 月—次年 3 月极端最低气温过低,年降水也较少,不能满足枇杷生长的需要。

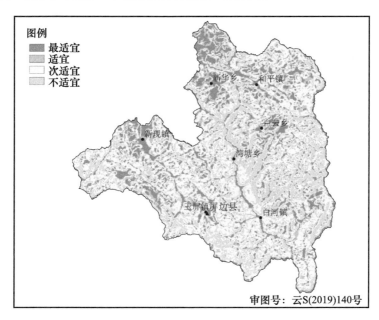

图 10-7　屏边县枇杷种植坡度指标适宜性分布

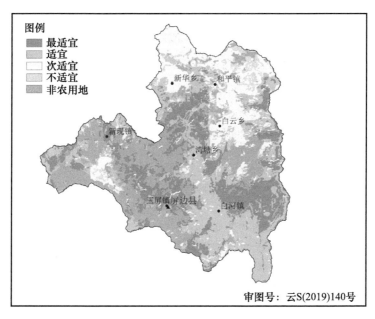

图 10-8　屏边县枇杷种植综合适宜性区划

主要参考文献

白美兰,刘兴汉,邸瑞琦,等,2005. 内蒙古西辽河流域特种玉米品种特性及气候区划[J]. 气象科技,33(5):
　　437-441.

陈国镇,邓林,2016. 气候资源对蓝莓种植的贡献意义——以福建省为例[J]. 农业与技术,36(18):231.

陈彦林,李洪鲜,文光忠,2014. 山地蓝莓高产栽培技术[J]. 绿色科技,(9):92-93.

崔读昌,刘洪顺,闵谨如,等,1984. 中国主要农作物气候资源图集[M]. 北京:气象出版社.

邓秋月,游超,谯蓉,等,2017. 川西高原不同熟性玉米种植农业气候区划[J]. 高原山地气象研究,37(2):
　　78-83.

段长春,朱勇,2003. 云南玉米生长发育与气象条件的关系[J]. 中国农业气象,24(4):5-7.

樊卫国,罗燕,等,2012. 南北盘江河谷野生芒果种植资源的分布与形态特征[J],西南农业学报,25(6):
　　2244-2247.

龚德勇,张显波,等,2013. 贵州南亚热区中晚熟石榴品种选优及利用评价[J],广东农业科学,40(7):33-35.

何可杰,李建军,杨婷婷,等,2014. 基于 GIS 的宝鸡市苹果气候区划[J]. 陕西农业科学,60(10):59-61.

洪冉,张琴,庞博,2013. 塘栖枇杷气候适宜性分析及气象服务[J]. 浙江气象,34(4):38-39.

吉志红,陈敏,张心令,2015. 基于 GIS 的三门峡市苹果种植气候适宜性区划[J]. 气象与环境科学,38(1):
　　61-66.

金光华,周旭,2010. RS、GIS 支持下的都匀毛尖茶种植适宜性定量研究[J]. 黔南民族师范学院学报,6(3):
　　48-53.

李世奎,1988. 中国农业气候资源和农业气候区划[M]. 北京:科学出版社.

李应桃,胡永松,李德章,等,2016. 毕节市蓝莓产业发展现状及气候条件分析[J]. 农业科技与信息(14):
　　16-17.

李昭萱,2018. 基于土壤和气候数据的中国蓝莓区域化研究[D]. 长春:吉林农业大学.

刘建波,彭懿,等,2009. 海南甘蔗种植的气候适宜性分析及区划[J],中国农业气象,30(增2):254-256.

陆润清,1991. 田阳县芒果生产的气候条件分析[J],广西气象,(4):51-52.

吕艳,吕爱钦,袁首,等,2017. 汉寿县蓝莓种植气候条件分析及发展对策[J]. 现代农业科技,(15):223-224.

彭小梅,王子博,2014. 浅析蓝莓优质高产的气象条件分析[J]. 农业与技术,34(12):111.

石淑芹,陈佑启,李正国,等,2011. 基于空间插值分析的指标空间化及吉林省玉米种植区划研究[J]. 地理科
　　学,(4):408-414.

史春彦,张前东,欧阳秋明,等,2017. 长清区夏玉米生育气候条件分析及农业区划[J]. 中国农学通报,33
　　(13):101-106.

宋琳,宋芳,胡玉娟,等,2018. 绥阳县蓝莓种植气候适应性分析[J]. 农技服务,35(3):71-72.

苏永秀,李政,2002. GIS 支持下的芒果种植农业气候区划[J],广西气象,23(1):46-48.

孙丽娜,2016. 基于 GIS 技术对玉米种植精细化综合区划[J]. 农业灾害研究,6(9):23-27.

孙振生,2016. 烟台苹果生长气候条件分析[J]. 现代农业科技,40(4):241.

汤国安,杨昕,2012. ArcGIS 地理信息系统空间分析实验教程[M]. 北京:科学出版社.

田锦芬,2013. 干旱对玉米生长发育的影响及预防措施[J]. 北京农业(21).

屠其璞,翁笃鸣,1978. 超短序列气象资料订正方法的研究[J]. 南京气象学院学报,(1):59-67.

王辉,王鹏云,田燕,等,2008. 气候资源在蓝莓栽培中的利用——以昆明地区为例[J]. 现代农业科技,(12):26-27.

王静,张磊,张晓煜,等,2014. 中国苹果气候区划方法研究进展[J]. 农学学报,4(10):99-102.

王宇,2005. 云南山地气候[M]. 昆明:云南科技出版社.

文锡梅,陆洋,等,2012. 无公害茶园地的空间分析及土地适宜性综合评价[J],中国农学通报,28(28):265-272.

吴晓波,韩树全,等,2017. 基于 GIS 与 RS 的贵州省芒果种植气候区划[J],江苏农业科学,45(20):268-271.

肖玮钰,2013. 西北地区春玉米气候适宜性区划和干旱风险评估[D]. 南京:南京信息工程大学.

薛丽芳,申双和,等,2010. 基于 GIS 的广东香蕉种植气候适宜性区划[J],中国农业气象,31(4):575-581

薛生梁,刘明春,张惠玲,2003. 河西走廊玉米生态气候分析与适生种植气候区划[J]. 中国农业气象,24(2):12-15.

杨志跃,2005. 山西玉米种植区划研究[J]. 山西农业大学学报(自然科学版),25(3):223-227.

尹盟毅,刘新生,权文婷,等,2014. 基于 GIS 的咸阳富士苹果优质生产气候区划[J]. 陕西农业科学,60(9):46-49.

于春霞,2011. 乳山市发展蓝莓生产的气候条件分析[J]. 安徽农学通报(下半月刊),17(16):159.

詹沛刚,肖俊,李显良,等,2013. 苏州白沙枇杷东种西移气候适应性研究[J]. 贵州气象,37(6):21-24.

张超,吴瑞芬,2015. 内蒙古玉米干旱风险区划方法研究[J]. 中国农业资源与区划,36(7):134-141.

张磊,李红英,王静,等,2017. 基于 GIS 的宁夏高酸苹果气候区划[J]. 气象科技,45(3):571-574.

张丽,石涛,吕娟,等,2015. 蓝莓生态气候适宜度评价指标及模型的设计[J]. 中国农学通报,31(35):224-229.

张跃彬,刘少春,等,2006. 云南甘蔗区自然气候特点与生态区划[J]. 中国糖料,(4):38-40

张泽中,李佳,徐建新,等,2016. 基于 GIS 的贵州省玉米干旱灾害风险评估[J]. 华北水利水电大学学报(自然科学版),37(2):28-32.

周智修,段文华,等,2013. 中国名优茶消费需求调查分析[J],浙江农林大学学报,30(3):412-416

朱勇,李春梅,等,2017. 特殊林果气象灾害监测与预警关键技术[M]. 北京:气象出版社.